中国热带农业科学院
热带农业国际合作平台
建设与发展

顾文亮　王金辉　主编

中国农业科学技术出版社

图书在版编目（CIP）数据

中国热带农业科学院热带农业国际合作平台建设与发展 / 顾文亮，王金辉主编 . -- 北京：中国农业科学技术出版社，2021.6

ISBN 978-7-5116-5349-9

Ⅰ . ①中… Ⅱ . ①顾… ②王… Ⅲ . ①热带—农业技术—科学技术合作—国际合作—概况—中国 Ⅳ . ① S-12

中国版本图书馆 CIP 数据核字（2021）第 111652 号

责任编辑 徐定娜
责任校对 李向荣
责任印制 姜义伟 王思文

出 版 者 中国农业科学技术出版社
北京市中关村南大街 12 号 邮编：100081
电 话（010）82105169（编辑室）（010）82109702（发行部）
（010）82109709（读者服务部）
传 真（010）82109707
网 址 http://www.castp.cn
发 行 各地新华书店
印 刷 者 北京建宏印刷有限公司
开 本 185 mm × 260 mm 1/16
印 张 9.5
字 数 187 千字
版 次 2021 年 6 月第 1 版 2021 年 6 月第 1 次印刷
定 价 68.00 元

中国热带农业科学院
热带农业国际合作平台建设与发展
编写人员

主　　编	顾文亮	王金辉			
副主编	张　雪	游　雯	周楷博	尹欣幸	董定超
编写人员	刘国道	黄贵修	段翠芳	刘海清	陈松笔
	周建南	欧文军	秦晓威	蒲金基	郝朝运
	范海阔	徐兵强	李　明	王翠翠	林培群
	张中润	符红梅	杨建峰	李志刚	王　灿
	王晓阳	范　睿	胡丽松	周泉发	张振文
	刘少姗	申龙斌	陈丽珍	王　刚	覃双眉
	李明福	彭　政	陶金龙	王海英	戴好富
	鲍时翔	陈　新	陆海燕	陈惠琴	邹潇潇
	肖鑫丽	陈　端	程　汉	曾宪海	潘登浪
	曾　精	仇　键	安　锋	聂智毅	蔡海滨
	黄　华	郭澎涛	盛占武	郑晓燕	刘　萌
	徐梓宁	龚　治	吴伟怀	易克贤	王富有
	黄山春	徐中亮	弓淑芳	张照华	王　永
	曹红星	许丽菁			

目 录

CONTENTS

第一章 国际组织合作平台

第二章 国际科技创新合作平台

第三章　境外研发平台

附　录　平台管理文件

第一章

国际组织合作平台

第一节　国际橡胶研究与发展委员会

一、成立背景

国际橡胶研究与发展委员会（IRRDB）的成立可追溯到1934年，当时国际上成立了国际橡胶管理委员会以保护天然橡胶生产者免受20世纪30年代中期胶价极端低迷的影响，目的是管控生产与出口、调整供给满足需求。该委员会同时也强调科研与开发的重要性。1937年，该委员会又成立了国际橡胶研究局，以协调各国家研究机构，同时成立了国际橡胶发展委员会，以承担科研成果的商业化开发工作。1960年，这两个机构合并成立国际橡胶研究与发展委员会。目前，IRRDB已涵盖天然橡胶的方方面面，从橡胶栽培到新产品的研发。IRRDB是一个研发的平台，希望能把所有产胶国的天然橡胶研究所或机构都纳入这个平台中。IRRDB会员国的产胶量已占世界天然橡胶的95%。通过IRRDB可以把这些研究机构以一种灵活而又有目的的非正式形式凝聚在一起，分享经验，探讨存在的问题，避免科研工作的无谓重复，集中财力资源开展难以由单一科研机构完成的任务量较多或经费需求太大的科研工作。

二、主要职能

IRRDB是一个非营利的国际组织，会员资格面向完全或大部分从事天然橡胶科研与开发工作的组织机构。其目的是加强会员单位在天然橡胶方面的科研与开发工作；提供一个就相互关心的事项进行协同行动的一个平台；获取和传播信息；为培训会员国的单位职员提供安排；向国内或国际组织提供影响天然橡胶事项的建议。

三、组织机构

IRRDB通过院所长与首席执行官委员会、财务委员会、秘书处、专家组及经同意成立的其他委员会联络官管理其工作。理事会是最高机构。每个会员单位由一人或多人在理事会中代表该单位（称理事会代表）。每个理事单位人数的多少由每年缴纳费用的席位数决定。中国有3个席位，每年缴纳3个席位的费用。2020年，理事会主席是中国热带农业科学院橡胶研究所研究员周建南。

院所长与首席执行官委员会由会员单位的负责科研所长和 / 或首席执行官组成，其职能是审议和讨论天然橡胶科研与开发方面的技术性事项，并就此提交理事会决议。财务委员会由 4 ～ 6 个成员组成，每年一选，其职能是审议和讨论年度报表、支出概算、会费交纳等事项，并提交事理会决议。秘书处办公地点由理事会决定，目前设在马来西亚。秘书处的职能是执行理事会的指令；根据 IRRDB 的目标提供会员单位间的联系；筹备理事会、各委员会及理事会要求的其他会议；编写并提交理事会年会和特别会议的会议纪要，由理事会主席签字同意后保存这些纪要；确保资金问题按财务规定的要求办理。秘书长由理事会任命，是 IRRDB 的首席执行官，向理事会负责，是秘书处的负责人。

专家组由院所长与首席执行官会员会决定组建，每个专家组的职能是在橡胶科研与开发的某个具体领域向 IRRDB 提供信息和建议。除理事会决议的活动外，各专家组的活动不从 IRRDB 开支。专家组的建立主要是根据实际需要，必要时进行调整。目前设立的专家组有植物保护专家组、社会经济专家组、植物育种专家组、作物管理专家组、分子生物学与生理学专家组、加工与产品利用专家组、非洲协调组等。每个专家组各设一名联络官，负责协调各会员单位相关领域的专家，组织研讨会探讨相关领域的科研发展及编写发展策略等。图 1-1 为中国热带农业科学院陈秋波研究员在 IRRDB 和中国热带农业科学院主办的 2010 年 IRRDB 年会暨国际橡胶会议上发言。

图 1-1　2010 年 IRRDB 年会暨国际橡胶会议
（中国热带农业科学院橡胶研究所　供图）

四、重点任务

根据各专家组提出的战略规划开展工作，目前的IRRDB重点任务是在育种方面继续执行2014年至今的多边品种交换，15个国家的49个品种进行多边或双边交换和试种，完成编写交换品种汇编，筹划赴秘鲁或巴西进行野生橡胶资源调查项目；植物保护方面重点研究在印度尼西亚暴发的由新壳梭孢菌（*Neofusicoccum*）引起的落叶病以及白根病、褐根病、寄生及虫害；在作物栽培管理方面重点是研究并推广良好栽培技术规范，推广低频割制、间作等；在分子生物学方面重点建立运行由中国热带农业科学院橡胶研究所牵头的橡胶数据库、基因组数据的分析与功能基因的挖掘，建立更高质量的基因图谱，分子辅助育种；在加工与产品利用方面重点研究初加工产品质量、一致性以及产品的开发利用；非洲协调组重点是协调非洲产胶国之间的联系，整合各会员单位的需求；社会经济学方面重点是研发技术的成本效益、统计学在橡胶生产中的应用、小胶农与大胶园主的社会经济状况分析、橡胶价格波动对橡胶产业发展的影响等。

五、部分活动

IRRDB各会员单位承办各种学术研讨会及技术推广研讨会以及一年一度的国际橡胶产业会议。每年承办5～8个学术研讨会。2018年相继承办了统计在社会经济学中的应用研讨会、印度尼西亚橡胶植物保护研讨会、交换品种汇编汇报会、泰国土壤管理研讨会、缅甸良好技术规范与品种鉴定研讨会、巴西良好技术规范研讨会等。这些研讨会一般由各会员单位提出，由各专家组的联络官进行协调。每年各联系官提交一份年度报告，IRRDB编写一份年度报告。

1. 中国热带农业科学院参加2016年IRRDB年会暨国际橡胶会议，周建南当选IRRDB副主席

2016年11月20—26日，中国热带农业科学院刘国道副院长一行10人赴柬埔寨暹粒市参加了由柬埔寨橡胶研究所和国际天然橡胶研究与发展委员会（IRRDB）联合举办的2016年IRRDB年会暨国际橡胶会议。来自马来西亚、泰国、印度、巴西、法国、新加坡等20个国家的320余名领导、专家和企业代表参加了会议。中国热带农业科学院参会代表合影见图1-2。

图 1-2　中国热带农业科学院参会代表合影

（中国热带农业科学院橡胶研究所　供图）

IRRDB 秘书长 Abdul Aziz（拿都阿卜杜勒·阿齐兹）、柬埔寨农林渔业部部长、柬埔寨暹粒省省长和柬埔寨橡胶研究所所长分别在开幕式上致辞。开幕式上还公布了本年度的国际橡胶研究金奖和青年科学家奖。

会议主题是“天然橡胶的可持续发展：问题、挑战与机遇”，会议围绕生态环境、生物技术、生理学、割胶、植物保护、社会经济、作物管理、农学等展开了讨论。中国热带农业科学院专家分别在生态环境、生物技术、社会经济、植物保护等专题会议上交流了 7 个报告，中国热带农业科学院橡胶研究所周建南研究员作为主席主持了生态环境专题。

会议还举办了天然橡胶研究与发展论坛，来自泰国、马来西亚、印度、中国等 8 国的专家讨论了目前天然橡胶可持续发展面临的挑战与机遇，并与与会代表进行了互动，橡胶研究所周建南研究员代表中国在论坛上发言。

会议召开了院所长及首席执行官委员会会议和 IRRDB 理事会会议，总结和讨论、审议通过了 2016 年 IRRDB 相关事宜，理事会选举产生了选举委员会、新一届财经委员会及 IRRDB 主席和副主席。中国热带农业科学院橡胶研究所周建南研究员当选 IRRDB 副主席。

2. IRRDB 橡胶树基因组学与分子遗传学研讨会在海口召开

2017 年 10 月，2017 年 IRRDB 橡胶树基因组学及分子遗传学研讨会在海口召开。会议主题是揭开橡胶树可持续产胶的秘密。会议共分为IRRDB国家报告、基因组学与分子生理学专题报告、橡胶分子遗传学与育种专题报告及圆桌会议四个部分。来自中国、法国、马来西亚、日本、印度、泰国、印度尼西亚7国的代表50余人参加会议。会议现场见图1-3。

图1-3 IRRDB橡胶树基因组学与分子遗传学研讨会

（中国热带农业科学院橡胶研究所　供图）

开幕式上，刘国道副院长向参加会议的各国代表回顾了中国热带农业科学院的历史沿革，介绍了中国热带农业科学院参与国际组织IRRDB活动的情况及在橡胶基因组测序方面取得的成绩。

IRRDB秘书长阿齐兹博士，回顾了IRRDB成立的历史，肯定了IRRDB对世界天然橡胶产业迅速发展做出的重要贡献，指出了目前世界天然橡胶产业发展面临的关键问题，并主持了国家报告。中国、法国、印度、马来西亚、泰国等国做了国家报告，涉及橡胶树基因组学、蛋白组学、分子生理学、分子遗传学等领域的科研进展、存在的问题及未来发展方向。

专题研讨会分别由马来西亚橡胶局（MRB）周景见（Chow Keng See）博士，印度橡胶研究所（RRII）托马斯（Thomas K. U.）博士，中国热带农业科学院橡胶研究所唐朝荣博士，马来西亚橡胶局（MRB）罗斯林达·萨贾里（Roslinda Sajari）

博士主持，重点就橡胶树基因组学与分子生物学及分子遗传学与育种等专题展开讨论。

这次会议是在中国热带农业科学院完成高质量橡胶全基因组测序的背景下举办的。圆桌会议中，各国代表不仅积极分享橡胶树基因组学、分子生理学、分子遗传学等最新科研进展，更共同探讨了今后的合作方向和内容，形成了共同合作的项目报告。此次会议扩大了中国热带农业科学院在天然橡胶分子生物学与遗传学等研究领域的国际影响力。

3. 中国热带农业科学院参加 2017 年 IRRDB 年会暨国际橡胶会议

2017 年 11 月，中国热带农业科学院副院长刘国道一行 10 人参加在印度尼西亚雅加达召开的 2017 年国际橡胶研究与发展委员会（IRRDB）年会暨国际橡胶会议。中国热带农业科学院参会专家合影见图 1-4。

图 1-4　中国热带农业科学院参会专家合影

（中国热带农业科学院橡胶研究所　供图）

本次年会围绕“天然橡胶产业的现状和未来挑战：抓住绿色经济发展中的机遇”主题，就天然橡胶产业面临的形势、挑战、机会及应对措施等方面展开研讨。国际橡胶联盟（IRCO）首席执行官安瓦尔（C. Anwar）博士等专家就国际橡胶联盟在稳定橡胶价格中的作用、天然橡胶的供需状况、橡胶价格预期和天然橡胶作为可持续发展作物的潜力等方面作了 11 场报告。

中国热带农业科学院 5 位专家分别作了报告，向世人展示了中国热带农业科学院在橡胶树生物学方面取得的最新成果和进展。在大会上，中国热带农业科学院与 IRRDB 达成共建橡胶数据中心的共识，届时将以橡胶数据中心为平台分享 IRRDB 成员国在橡胶分子研究等方面取得的成果和最新的研究数据，并提供相应的服务。

在院所长会及理事会上，中国热带农业科学院刘国道副院长、橡胶研究所黄华孙所长、周建南研究员也积极行使中国成员国的权利，维护和主张中国权益，提高我国在天然橡胶上的话语权。

来自马来西亚、柬埔寨、印度尼西亚、新加坡、法国等国的专家 200 余人参会。

4. 中国热带农业科学院橡胶研究所周建南研究员当选 IRRDB 主席

2018 年 10 月 20—28 日，2018 年国际橡胶研究与发展委员会（IRRDB）年会暨国际橡胶会议在科特迪瓦阿比让市召开，中国热带农业科学院橡胶研究所周建南研究员当选为新一届 IRRDB 主席（图 1-5），并代表橡胶研究所与柬埔寨橡胶研究

图 1-5　周建南研究员当选为 IRRDB 主席
（中国热带农业科学院橡胶研究所　供图）

所续签了合作协议，双方将共建中国—柬埔寨天然橡胶研发中心。

本次年会以“天然橡胶产业：社会经济发展和环境保护的重要资产”为题，围绕农学、植物保护、采胶生理、加工技术、社会经济与环境、育种与生物技术等科学问题展开了讨论。中国热带农业科学院 7 位专家分别在相应专题会议上作学术报告，中国热带农业科学院参会代表合影见图 1-6。

图 1-6　中国热带农业科学院参会代表合影

（中国热带农业科学院橡胶研究所　供图）

为进一步响应国家“一带一路”倡议，会议期间，周建南研究员代表中国热带农业科学院橡胶研究所与柬埔寨橡胶研究所续签了合作协议，双方一致同意共建中国—柬埔寨天然橡胶研发中心，建立联合实验室及天然橡胶种质资源收集与育种基地和橡胶栽培新技术种植示范基地。

会议还举办了天然橡胶研究与发展论坛，来自科特迪瓦、喀麦隆、孟加拉国、泰国、斯里兰卡和巴西 6 国的专家讨论和分享了目前天然橡胶工业的可持续发展和环境保护方面的经验。

来自中国、马来西亚、泰国等 27 个国家 418 名领导、专家和企业代表参加了本次会议。

5. IRRDB 主席周建南带队赴马来西亚参加国际橡胶研究与发展委员会育种专题研讨会

2019 年 7 月 7—13 日，国际橡胶研究与发展委员会（IRRDB）主席、中国热带农业科学院橡胶研究所周建南研究员带队赴马来西亚参加育种专题研讨会，本次会议由马来西亚橡胶局承办，大会合影见图 1-7。

图 1-7　国际橡胶研究与发展委员会育种专题研讨会大会合影

（中国热带农业科学院橡胶研究所　供图）

与会专家围绕进一步完善成员国参加多边交换的品种描述，成员国 2018 年育种年报，近年来橡胶树野生种质资源收集保存、鉴定评价及创新利用等内容开展交流和讨论。橡胶研究所就中国橡胶树种质资源收集保存、鉴定及利用情况进行了专题报告，提交了我国 2018 年橡胶树育种年报，并与缅甸、斯里兰卡、柬埔寨、孟加拉国等国代表商讨橡胶树品种交换事宜，初步确定交换时间及相关文件办理事宜等。

与会代表还调研了马来西亚橡胶局的橡胶制品展示中心、马来西亚橡胶研究所种质资源保存圃、主要推荐品种综合展示区、常见白根病、突发的由拟盘多毛孢属引起的叶病的发生及防控技术等科研基地。通过交流，更好地了解 IRRDB 各成员国橡胶树种质资源保存鉴定和育种工作现状，育种和植保面临的问题挑战以及马来西亚优良橡胶品种情况，为进一步加强国际合作，更好地开展“一带一路”项目具有重要的意义。

来自中国、马来西亚、印度尼西亚、泰国、越南、印度、斯里兰卡、危地马拉、柬埔寨、孟加拉国、菲律宾、泰国、科特迪瓦 13 个国家的 42 名代表参加此次研讨会。此外，周建南研究员作为 IRRDB 主席，还参加了 IRRDB 财务会员会会议等。

6. 2019 IRRDB 国际橡胶树基因组学专题研讨会在海南召开

2019 年 8 月 5—7 日，由中国热带农业科学院与国际天然橡胶研究与发展委员会（IRRDB）联合举办的“2019 国际橡胶树基因组学专题研讨会”在海南澄迈召开。本次会议主要研讨橡胶树基因组学的研究与发展，旨在进一步推进国际天然橡胶基因组学领域的研究与合作。IRRDB 主席、中国热带农业科学院橡胶研究所研究员周建南，IRRDB 秘书长阿奇兹博士和橡胶研究所副所长罗微研究员等出席了本次研讨会，与会专家合影见图 1-8。

图 1-8　2019 IRRDB 国际橡胶树基因组学专题研讨会与会代表合影
（中国热带农业科学院橡胶研究所　供图）

本次研讨会的主题是“后基因组学研究方法在橡胶树品种改良中的应用”，入会代表围绕橡胶树基因组学最新进展及其在橡胶树分子生物学研究与品种改良中的应用展开了讨论。会议议程包括特邀报告、国别报告、基因组学与转录组学、功能基因和育种应用前景 5 个专题，与会专家分别从橡胶树基因组测序进展、IRRDB 成员国基因组及分子生物学研究进展、分子生物学进展及其应用前景等方面作了 23 场专题报告。其中，英国詹姆斯·赫顿研究所（James Hutton Institute）大卫·芬德利·马歇尔（David Findlay Marshall）教授报告了 HAT2 转运蛋白在植物基因组中的进化及其在橡胶树中的分布特征，中国热带农业科学院热带生物技术研究所金志强研究员围绕香蕉 B 基因组测序的最新突破与橡胶树基因组学同行进行了讨论。

来自马来西亚橡胶局、马来西亚密码子生物技术公司、泰国橡胶局、日本理化研究所、印度橡胶研究所、英国詹姆斯·赫顿研究所、海南大学、海南师范大学、云南热带作物研究所、武汉未来组生物科技公司、上海微谱科技公司和海南青峰生物技术公司及中国热带农业科学院橡胶研究所、热带生物技术研究所、湛江实验站 6 国 15 个科研院所及企业 70 余名专家参加了本次研讨会。

7. 中国热带农业科学院赴缅甸参加 2019 年 IRRDB 橡胶大会暨国际橡胶年会

2019 年 9 月 29 日至 10 月 6 日，中国热带农业科学院刘国道副院长、国际橡胶研究与发展委员会（IRRDB）主席周建南研究员等一行 15 人赴缅甸内比都和蒲甘参加 2019 年国际天然橡胶研究与发展委员会（IRRDB）学术年会暨国际橡胶年会，合影见图 1-9。来自中国、马来西亚、泰国、印度、巴西、法国、新加坡、越

图 1-9　中国热带农业科学院专家参加 2019 年 IRRDB 国际橡胶大会

（中国热带农业科学院国际合作处　供图）

南、缅甸、斯里兰卡、日本、尼日利亚等 16 个国家的 540 余名橡胶研究专家和企业代表参加了学术年会。

IRRDB 秘书长博士、缅甸农牧和灌溉部部长、缅甸橡胶种植者和生产者协会主席分别在国际橡胶大会的开幕式上致辞。开幕式上还授予一名科特迪瓦橡胶领域科学家为本年度“国际橡胶研究金奖”和一名泰国青年科研人员“青年科学家奖”，以表彰他们在橡胶科研及推广方面取得的成就，这也是非洲科研人员首次获此殊荣。

学术年会的主题是“天然橡胶产业：未来竞争力和可持续的前行之路”，会议围绕农学、植物保护、采胶生理、加工、社会经济与环境、育种与生物技术等专题展开了交流讨论。中国热带农业科学院专家分别在农学、植物保护、生物技术和加工等专题会议上交流了 5 个报告（图 1-10）。

图 1-10　中国热带农业科学院代表团参加 IRRDB 院所长会议
（中国热带农业科学院橡胶研究所　供图）

此外，IRRDB 还在蒲甘召开了 IRRDB 院所长会议和理事会会议，中国热带农业科学院代表团参加 IRRDB 院所长会议，见图 1-10。IRRDB 主席周建南研究员主持了 IRRDB 理事会会议（图 1-11），审议通过了 2019 年 IRRDB 开展的相关工作及 2020 年 IRRDB 工作计划及预算。IRRDB 院所长会议和理事会会议取得了圆满成功。

图 1-11　IRRDB 主席、橡胶研究所周建南研究员主持 IRRDB 理事会会议
（中国热带农业科学院橡胶研究所　供图）

8. 四任 IRRDB 主席齐聚中国热带农业科学院橡胶研究所，共谋天然橡胶产业可持续发展

2019 年 12 月 11 日，原国际橡胶研究与发展委员会（IRRDB）主席、现任 IRRDB 秘书长拿都阿卜杜勒 · 阿齐兹（Abdul Aziz）博士，原 IRRDB 主席、北马经济走廊执行机构橡胶城顾问拿督万 · 阿卜杜勒 · 拉哈曼（Wan Abdul Rahaman）博士到中国热带农业科学院橡胶研究所交流访问，橡胶研究所组织召开座谈会，原 IRRDB 主席、中国热带农业科学院原副院长陈秋波研究员，现任 IRRDB 主席周建南研究员及相关科研人员参加了交流，四任 IRRDB 主席合影见图 1-12。

图 1-12　四任 IRRDB 主席合影

（中国热带农业科学院橡胶研究所　供图）

四任 IRRDB 主席齐聚中国热带农业科学院橡胶研究所，对国际天然橡胶行业现状、面临的挑战和发展趋势进行了深入的交流，对科技支撑"一带一路"国家天然橡胶产业可持续发展，加强与橡胶制品企业的合作，促进橡胶生产与消费，尤其是如何针对马来西亚橡胶城的建设引入中国橡胶企业等问题进行了探讨。

其间，访问团一行还参观了中国热带农业科学院天然橡胶科普馆以及橡胶研究所加工和组培实验室等。访问团对橡胶研究所近年来取得的成绩给予了肯定，尤其是对曾受 IRRDB 资助培训的科研人员所取得的进步倍感欣慰，并对中国热带农业科学院及橡胶研究所对 IRRDB 的支持与贡献给予了高度赞赏。

9. 中国热带农业科学院橡胶研究所专家参加 2020 年 IRRDB 院所长和理事会视频会议

2021 年 3 月 30—31 日，应国际橡胶研究与发展委员会（IRRDB）秘书处邀请，IRRDB 主席、中国热带农业科学院橡胶研究所周建南研究员等 6 名专家参加了 2020 年 IRRDB 院所长和理事会视频会议（图 1-13）。来自中国、马来西亚、泰国、印度尼西亚、印度、斯里兰卡、越南、缅甸、菲律宾、孟加拉国、日本、法国、科特迪瓦、尼日利亚等 19 国的专家代表参加了会议。

图 1-13　2020 年 IRRDB 院所长和理事会视频会议现场

（中国热带农业科学院橡胶研究所　供图）

理事会由 IRRDB 主席周建南主持。会议通报了 IRRDB 理事会成员变动情况，审议通过了 2019 年理事会会议纪要，2020 年开展的学术活动及其经费使用情况等相关工作；通过了院所长会议提交的 2021 年学术活动计划及经费预算；选举了新一届 IRRDB 理事会主席和副主席，2021 年财务委员会主席及成员，财务审计机构人员等。理事会上还新任命了 7 名国际研究与发展委员会会士（IRRDB fellow），中国热带农业科学院橡胶研究所周建南研究员为其中之一，这是我国专家第二次获此殊荣。

在院所长会议上，国际橡胶研究组织（IRSG）、国际天然橡胶生产国联盟（ANRPC）、天然橡胶国际联盟（IRCO）3 个国际观察员组织的秘书长通报 2020 年来开展的工作及今后的活动计划，表达了与 IRRDB 继续深入合作的计划和愿望。会议介绍了近期各成员国院所长更替情况，审议通过了 2019 年院所长及首席执行官委员会会议纪要，回顾了 2020 年 IRRDB 所举办的学术活动（视频会议形式），各领域专家组联络官汇报学术交流及科研进展情况，提出了 2021 年学术活动计划。

六、发展思路

IRRDB 是一个国际合作平台，资金来源主要是各会员国的会费以及科研赞助费，对各种研讨会的支持力度也有限。此外，由于天然橡胶价格低迷，各产胶国的科研工作受到很大的影响，科研力量不足，影响了会员单位加强合作的积极性。中国热带农业科学院致力于发挥 IRRDB 国际平台作用，强化各会员单位的联系，加强合作，分享科研成果和信息，加强科研人才队伍的建设，推广科学技术，促进世界橡胶产业的发展。

第二节　FAO 热带农业研究培训参考中心

2014 年 5 月 5 日，联合国粮食及农业组织（FAO）认定中国热带农业科学院为“FAO 热带农业研究与培训参考中心（FAO Reference Center for Tropical Agriculture Research and Training）”。该中心主要任务就是为 FAO 成员国，特别是发展中国家，提供热带农业技术培训和技术支撑，为 FAO 政策制定和决策提供咨询服务和发展报告等，FAO 将通过具体项目合作给予经费支持。中国热带农业科学院获得参考中心的认定，对扩大中国热带农业科学院国际影响力、提升我国热带农业科技在世界的话语权具有重要意义，同时对我国申报更多热带农业领域国际合作项目、提升我国热带农业科技创新能力都将发挥重要作用。参考中心认定有效期为 4 年，其间参考中心需接受 FAO 的中期评估和终期评估，评估通过后，可续签认定书。

2015 年 9 月 5 日，农业部与联合国粮农组织联合在湖南省长沙市举办 FAO 参考中心授牌仪式，正式授牌中国热带农业科学院“FAO 热带农业研究培训参考中心”。中国热带农业科学院自 2009 年 9 月开始申报 FAO 热带农业研究培训参考中心，历时 5 年，经过农业部和 FAO 两次现场评估和多次材料认证，于 2014 年 5 月被正式认证。本次共有 5 家单位被正式认定为 FAO 参考中心，分别为农业部对外经济合作中心、中国水产科学院淡水渔业研究中心、中国热带农业科学院、湖南杂交水稻研究中心、农业部沼气科学研究所。在华认定 FAO 参考中心是巩固和发展中国与 FAO 合作伙伴关系的重要举措之一。FAO 参考中心的主要职责是在农业和粮食安全相关领域为FAO履行其职能提供专业技术支撑。中国热带农业科学院“FAO热带农业研究培训参考中心”将在我国与粮农组织合作框架下，具体在热带农业专业领域协助FAO广泛整合技术资源，支持FAO开展相关研究和培训活动等。图1-14为中国热带农业科学院刘国道副院长参加授牌仪式，图1-15为FAO热带农业研究培训参考中心牌匾。

图1-14 中国热带农业科学院刘国道副院长参加授牌仪式
（中国热带农业科学院国际合作处 供图）

图1-15 FAO热带农业研究培训参考中心牌匾
（中国热带农业科学院国际合作处 供图）

FAO 热带农业研究培训参考中心分别于 2018 年通过第一期考核，2019 年获得第二期认定。近年来，中国热带农业科学院充分发挥热带农业科技优势，积极开展南南合作。建设了中国援刚果（布）农业技术示范中心，为 100 多个国家累计培训 4 000 多名农业科技人员，先后派出 60 多名热带农业专家赴 20 多个国家开展科技援助工作，积极参与 FAO 南南合作知识分享网络，分享热带农业相关知识和经验。

第三节　热带农业平台（TAP）

一、热带农业平台简介

热带农业平台（简称 TAP）于 2012 年 9 月在墨西哥举行的二十国集团农业首席科学家第一次会议上发起，秘书处设在联合国粮农组织，旨在由较发达国家参与者向欠发达国家提供农业创新体系能力建设支持。热带农业平台在 2013 年已有 30 多个重要的国际、区域和国家机构及论坛同意成为 TAP 创始会员。应联合国粮农组织（FAO）邀请，中国热带农业科学院加入“热带农业平台”建设。TAP 的建立将促使我国热区农业更好地参与国际合作。2014 年 2 月，农业部决定由中国热带农业科学院代表中国机构担任 TAP 全球工作组 14 个成员单位之一，并任命刘国道副院长为全球工作组成员，同年 4 月，刘国道副院长应邀赴法国参加 TAP 全球工作组会议第一次会议。 2015 年 7 月，刘国道副院长代表中国机构担任该平台 9 个执行委员会委员之一。

二、热带农业平台部分活动

1. 热带农业平台在中国热带农业科学院启动

2013 年 9 月 4—6 日，由联合国粮农组织和中国农业部（现农业农村部）主办、中国热带农业科学院承办的热带农业平台启动研讨会暨成员召集大会在海口召开（图 1-16）。来自 10 多个国家的 45 名代表齐聚中国热带农业科学院，共商热带农业平台发展大计。该平台的正式启动，将为成员国提供政策对话空间，协调农业创新能力建设中的供需关系，提供创新成果、成功经验等全球信息，促进热带农业创新体系建立，在保障全球粮食安全和环境可持续发展方面发挥重要作用。

图 1-16　热带农业平台启动研讨会暨合作伙伴大会
（中国热带农业科学院国际合作处　供图）

2. 中国热带农业科学院在热带农业平台全球工作组会议上作专题报告

2014 年 4 月 9—12 日，中国热带农业科学院刘国道副院长应邀赴法国参加热带农业平台（TAP）全球工作组会议，并作了“热带农业平台全球工作理论与实践”的主题报告，引起了参会人员的广泛关注。此次出访与全球工作组其他成员共同商讨了热带农业平台下一步工作计划和具体实施步骤，希望在热区建立有效的、可持续的农业创新体系。

3. 中国热带农业科学院出席热带农业平台执行委员会及全球工作组会议

2015 年，中国热带农业科学院刘国道副院长应邀出席 7 月 8 日在 FAO 总部罗马召开的热带农业平台（TAP）执行委员会会议及 9—10 日的 TAP 全球工作组第二次会议。会议主题是讨论修改热带农业平台工作框架制定 2015 年下半年和 2016 年上半年工作计划，来自 FAO 以及欧洲、亚洲、非洲、美洲的代表共 27 人参加了会议。经过 3 天的努力，代表们从主题、内容、结构、运行、案例研究等几个方面对《报告》进行了全面的修改。中国热带农业科学院在非洲的农业创新与示范工作被列为两个典型案例之一。刘国道副院长还应邀在 FAO 总部作了《世界热区科技创新体系建设与能力提升》（Capacity Development for Agricultural Innovation

Systems in Tropical Area）的报告，向 FAO 介绍了中国热带农业科学院的基本情况和在热区工作的经验与成果，特别是以刚果（布）为案例重点介绍了中国热带农业科学院在热带非洲的工作构想，引起了与会者的关注。刘国道副院长希望 FAO 关注和支持中国热带农业科学院在非洲的热带农业平台建设和运行，并表示愿意与 FAO 分享经验、共享平台、共同做好热区的能力提升工作，为消除全球贫困提供科技支撑。

4. 中国热带农业科学院参加热带农业平台会议暨第三届成员大会

2016 年，中国热带农业科学院刘国道副院长应联合国粮农组织驻卢旺达代表处邀请，以热带农业平台执行委员会成员身份参加了热带农业平台会议暨第三届成员大会。会议在卢旺达首都基加利市召开，由 FAO 卢旺达代表处和卢旺达农业部共同举办。大会总结了热带农业平台成立 3 年来取得的成绩，讨论了该平台 2016 年工作计划和农业创新体系能力开发的通用框架，展示了热带农业平台信息共享网站。卢旺达农业部常务秘书介绍了卢旺达的农业创新情况。全体与会代表还听取了关于农业创新体系能力开发的介绍以及 8 个典型国家的发言，并选举了该平台新一届主席和副主席以及执行委员会成员。

5. 中国热带农业科学院参加农业创新体系能力提升国际论坛

2019 年 5 月 12—16 日，中国热带农业科学院刘国道副院长赴比利时让布卢参加由热带农业平台（TAP）主办的农业创新体系能力提升（CDAIS）国际论坛。该论坛旨在通过老挝、孟加拉国、卢旺达、布基纳法索、安哥拉、埃塞俄比亚、危地马拉、洪都拉斯 8 个案例国分享其运用 TAP 开发的 CDAIS 通用框架开展农业创新体系能力提升项目的经验与教训，探索热带农业创新体系能力提升的通用方法及有效途径。来自 FAO、欧盟、非盟、中国、法国、比利时、加拿大等 10 多个国际组织和 26 个国家的 120 名代表参会。CDAIS 通用框架是统一采用需求评估、目标设计、条件分析、方案制定、方案实施 5 个步骤，结合当地实际情况，整合国际国内人力资源、资金来源、技术力量等资源，协调政府、科教单位、企业和农户等利益相关方共同参与实施，以提升国家和地区农业创新体系能力并实现农业可持续发展为目标的一种通用方法设计。CDAIS 项目由欧盟资助并由 TAP 组织实施。项目执行时间为 2015 年至 2019 年，每个国家的项目经费为 140 万美元，分别在老挝、孟加拉国、卢旺达、布基纳法索、安哥拉、埃塞俄比亚、危地马拉、洪都拉斯 8 国开展了种猪繁育、芒果和菠萝生产与加工、水利灌溉系统建设、农业信息化、水稻育种技术、鹰嘴豆生产、油梨生产、马铃薯生产等项目，解决了当地农业发展急需解决的关键问题。通过项目实施总结出一套提升农业创新体系能力的通用方法。论坛期间，刘国道副院长作为 TAP 执行委员会委员参加了 TAP 执行委员会会议和 TAP 专家组会议，表示中国热带农业科学院将继续发挥热带农业科技和人才优势积极参与 TAP 行动计划，并对 CDAIS 项目采用的通用框架提出了简化理论概念、细化行动方案及整合其他类似项目资源的建议。该建议被 TAP 采纳，并纳入下一步 CDAIS 通用框架的完善工作中。

6. 热带农业平台多版面报道中国热带农业科学院取得的科研成果和国际合作成效

热带农业平台（TAP）在 2020 年第一季度的新闻简报中用 3 个版面报道了中国热带农业科学院近期取得的科研成果和国际合作成效（图 1-17 至图 1-19）。报道内容包括发现海南特有新物种、香蕉亚基因组、胡椒染色体级别精细基因组等方面的最新研究成果，以及举办第二届“一带一路”热带农业科技合作论坛和援外培训班促进热带国家间的科技交流和技术援助、加强与国际热带农业中心（CIAT）和国际生物多样性中心（Bioversity）的合作、中国热带农业科学院 FAO 热带农业研究培训参考中心获第二期认定等重要国际合作成效。

第四节　CATAS-CIAT 合作办公室

2011 年 12 月 4 日，国际热带农业中心（CIAT）与中国热带农业科学院共同设立 CATAS-CIAT 合作办公室（CATAS-CIAT Collaboration and Cooperation Office），同时在海口召开国家自然科学基金委—国际热带农业中心（NSFC-CIAT）热带作物研讨会。会上，举行了中国热带农业科学院 - 国际热带农业中心合作办公室揭牌仪式。并起草了“关于中国热带农业科学院与国际热带农业中心设立合作办公室的战略合作伙伴协议”，进一步明确 CATAS-CIAT 双方合作目的、目标和方向，建立了 CATAS-CIAT 双方日常联络工作机制。

CATAS-CIAT 合作办公室在中国热带农业科学院建立，将大大增进双方的相互了解和交流，进一步促进双方的合作关系，有利于共同申报、执行国际合作项目，共同攻克热带农业科技难题，为全球热带农业的发展做出积极的贡献。

TAP Newsletter / January 2020

tap
TROPICAL AGRICULTURE PLATFORM

Among the most followed, apart from the "Bees and environment" MOOC, which recorded more than 13 000 registrations, were the Vines and Wine MOOC and the Bio MOOC, with more than 10 000 registrations at each session. For more information concerning all MOOCs: https://www.fun-mooc.fr/universities/Agreenium/

CATAS

Series of international publications by CATAS scientists, including on new plant species

The CATAS research team headed by Dr. Liu Guodao has found, named and published records of 85 new plant species in international journals, with 11 new species endemic to Hainan and 11 new in China
https://www.chinadaily.com.cn/a/201911/15/WS5dce56e1a310cf3e35577b07.html

CATAS scientists also published:
- *Musa balbisiana* genome reveals subgenome evolution and functional divergence" in Nature Plants described the detailed genome map of the wild banana species Pisang Klutuk Wulung (BB genome), cooperating with BGI, CIRAD, Bioversity International and others:
https://www nature.xilesou.top/articles/s41477-019-0452-6

- "The chromosome-scale reference genome of black pepper provides insight into piperine biosynthesis" in Nature Communications provided the fine genomic map of "Reyin No.1", a cultivated species of pepper in China:
https://doi.org/10.1038/s41467-019-12607-6

Carex diaoluoshanica H. B. Yang, G. D. Liu & Q. L. Wang, a new plant species recorded on Hainan Island (China).

Forum to strengthen scientific and technological exchange among tropical countries

The Second Belt and Road Forum on Tropical Agricultural Science and Technology Cooperation coorganized by CATAS, CIAT, Bioversity International, CATIE and International Society for Tropical Root Crops - Asia Branch (ISTRC-AB) was held in Haikou, capital of Hainan province, on 11 September 2019, aiming to strengthen scientific and technological exchange among tropical countries involved in the Belt and Road Initiative and build an agricultural "scientific community" and "innovative community" that highlight equal, open, trust and win-win principles. The forum attracted more than 300 officials and experts from 31 countries and regions. The CATAS-CIAT Joint Laboratory for Tropical Agriculture in Asia-Pacific was established in the forum.

The Second Belt and Road Forum on Tropical Agricultural Science and Technology Cooperation, held in September 2019 in Haikou (China).

图 1-17　TAP 报道中国热带农业科学院最新研究成果和举办第二届"一带一路"热带农业科技合作论坛

（中国热带农业科学院国际合作处　供图）

TAP Newsletter /January 2020

tap TROPICAL AGRICULTURE PLATFORM

CATAS-CIAT Joint Laboratory for Tropical Agriculture in Asia-Pacific was established in September 2019 in Haikou (China).

CATAS-CIAT-Bioversity Cooperation

CATAS, CIAT and Bioversity organized a Workshop & International Scientific and Technological Innovation Cooperation Seminar on Regional Tropical Agriculture which was held at CATAS for discussing cooperation themes and key projects of China-Asia Pacific countries and international organizations in the fields of tropical agricultural science and technology innovation cooperation, joint R&D platform construction, international technology transfer and personnel exchanges and visits.

CATAS-CIAT-Bioversity Cooperation Workshop held in 2019 at CATAS.

CATAS confirmed as FAO Reference Center for Tropical Agriculture

CATAS was redesignated by FAO as an FAO Reference Center for Tropical Agriculture Research and Training in the 10th Anniversary of the FAO-China South-South Cooperation Programme and Future Perspectives for South-South and Triangular Cooperation event held on 25 November in Kampala, Uganda.

图 1-18　TAP 报道中国热带农业科学院与 CIAT 和 Bioversity 的合作

（中国热带农业科学院国际合作处　供图）

TAP Newsletter / January 2020

tap
TROPICAL AGRICULTURE PLATFORM

© CATAS

FAO-China South-South Cooperation event held in November 2019 in Uganda

Support of tropical agriculture by CATAS

CATAS has held 7 international training courses on tropical agriculture technology for 382 participants and 40 domestic training courses for 4000 Chinese farmers in the fields of tropical cash crops, tropical food crops, winter melon and vegetables, tropical forage and animal husbandry.

© CATAS

CATAS Training Course on Planting Technology of Tropical Fruit and Vegetable in Panama

图 1-19　TAP 报道援外培训班促进热带国家间的科技交流和技术援助

（中国热带农业科学院国际合作处　供图）

成立至今，CATAS-CIAT 合作办公室促进中国热带农业科学院和国际热带农业中心在木薯、热带牧草等方面开展了深度合作。2019 年 3 月 6—7 日，国际热带农业中心（CIAT）亚洲区域办事处主任迪多·坎皮兰（Dindo Campilan）博士访问中国热带农业科学院，双方就合作办公室及联合实验室建设、人才联合培养和科技创新合作等方面进行了深入交流与研讨。合作研讨会上，中国热带农业科学院刘国道副院长回顾中国热带农业科学院与国际热带农业中心农业科技合作 35 年来取得的丰硕成果，希望双方在已有的合作基础上，充分发挥各自优势，继续加强在木薯、热带牧草方面的合作；同时拓展在香蕉、气候变化、土壤、植保等其他领域的合作，并提出了在中国热带农业科学院与国际热带农业中心—国际生物多样性中心（CIAT-Bioversity）联盟共建 CIAT 亚太中心和将双方合办期刊《热带草地》打造成《热带作物》的想法。坎皮兰（Campilan）博士对中国热带农业科学院的热情接待表示感谢，对刘国道副院长提出的合作建议表示支持，并就 CIAT 与国际生物多样性中心合并成为联盟的新情况、目前 CIAT 开展的热带农业科研情况及下一步合作计划做了报告。中国热带农业科学院与 CIAT 合作开展国家自然科学基金国际合作项目 6 项，6 位项目负责人分别介绍了项目执行进展及下一步合作计划。双方就木薯、热带牧草、土壤、植保、香蕉等领域的合作研究和下一步联合申报项目计划交换了意见，还就拟于 4 月下旬在中国热带农业科学院召开的国际热带农业区域性科技交流合作研讨会、CATAS-CIAT 联合实验室运行及 CATAS-CIAT 合作办公室中方联络官人选等事宜达成了共识。

第五节　CIAT-CATAS 亚太热带农业联合实验室

2019 年 9 月 10—12 日，第二届“一带一路”热带农业科技合作论坛在海口召开。论坛上，CIAT-CATAS 亚太热带农业联合实验室的揭牌成立，必将为推动国际热带农业中心（CIAT）、国际生物多样性中心（Bioversity）与中国热带农业科学院在热带农业科技领域的深度交流与合作，为中国热带农业科学院构建全球热带农业科技创新合作网络起到了积极作用。该联合实验室将主要在热带农业种质资源、植物保护、土壤与气候变化、山地农业等方面展开合作研究，促进科技交流与成果转化，为服务国际热带农业发展提供科技和智力支撑。

第二章

国际科技创新合作平台

第一节　热带农业科技国际合作基地

一、成立背景

经海南省科技厅的推荐，中国热带农业科学院申报的国际科技合作基地于2007年11月获得国家科技部批复，被科技部授予全国首批“国际科技合作基地”的称号。国际科技合作基地的建立是贯彻落实《“十一五”国际科技合作实施纲要》的重要举措，有利于整合国际国内两种资源。该基地的建立有利于中国热带农业科学院在国际科技合作方式上从“一般性的人员交流和项目合作”向“项目—基地—人才”相结合的战略转变；将有助于中国热带农业科学院国际科技合作项目的申报、实施以及国际科技合作人才的培养，对于实现“以我为主、互惠互赢”，加快热带农业科技创新步伐的目标具有重要意义。

二、重点任务

热带农业科技国际合作基地重点围绕热带经济作物、南繁种业、粮食作物、冬季瓜菜、热带畜牧、热带海洋生物等领域开展热带农业科技国际交流与合作工作，引进国外先进技术和经验，开展基础与应用基础及高新技术研究，解决研究领域中存在的关键技术问题，合作培养热带农业国际性优秀人才队伍。基地重点任务包括4部分：开展国际科技项目合作；开展国际科技培训；建设国际科技合作平台；成果境外示范与转化。

三、发展目标

充分利用全球热带农业科技资源，“引进来、走出去”并举，通过引进、消化、吸收国外先进技术和管理经验进行再创新，及时掌握热带农业科技中的前沿性、关键性技术，解决我国热带农业科技中的关键技术难题，构建世界一流的热带农业科技国际合作与交流平台，并使之成为热带农业科技国际优秀人才引进和培养、团队建设、项目合作的重要基地，不断促进我国热带农业科技国际合作能力以及科研自主创新能力的提升，推动我国热带农业产业升级，促进热区农民增收。

四、建设成效

基地按照“立足中国热区，走向世界热区”的战略布局，以天然橡胶、油棕、木薯、热带水果等主要热带作物为对象，充分利用国际国内两种资源两个市场，将热带农业国际科技创新合作、服务国家外交大局和科技支撑中国热带农业“走出去”三者有机结合，不断提升我国热带农业科技水平和国际影响力。

1. 国际合作推动科技创新能力的稳步提升

一是科技创新合作研究成效显著。先后承担各类国际交流合作项目318项，经费2.16亿元。引进国外先进技术55项，通过引进技术的消化、吸收和再创新，增强了我国热带农业自主创新能力；吸引国外热带农业领域优秀人才20人次到基地开展合作研究，其中，2名外国专家获中国政府“友谊奖”，2名外国专家获海南省“椰岛纪念奖”。二是国际化人才培养不断增强。通过国家留学基金委和外专局等多种项目渠道，派出55人次赴夏威夷大学、佛罗里达大学、英国格林威治大学等留学和培训；先后派出20人赴美国参加为期3个月的热带农业科技创新能力培训，每年定期为基地科技人员举办国际合作业务能力培训。大力提升了基地热带农业科研能力和人才队伍建设。三是国际合作平台建设更加完善。被授予FAO热带农业研究培训参考中心、农业对外合作科技支撑与人才培训基地、热带农业对外开放合作试验区等平台，建立了国际联合实验室/研究中心8个，在境外12个国家建立了农业试验站和示范基地15个，开展了热带农业新技术试验示范与合作研究，起到了很好的示范和推动作用。

2. 科技援外工作成效显著

一是面向发展中国家开展热带农业技术培训。依托基地，开展面向“一带一路”国家的热带作物种植与加工、病虫害防控等系列农业技术培训，共举办境内外涉外培训84期，培训了来自亚洲、非洲、美洲和大洋洲的学员3 000余名，相关工作得到了受援国政府、驻外使领馆及参训学员的肯定，培训过的学员已经成为开展国际交流合作的重要力量。二是积极服务国家外交大局。为落实2017年习近平同志与密克罗尼西亚联邦总统克里斯琴在会谈中达成的共识，基地派出专家前往密克罗尼西亚联邦，推动椰子等领域合作，并举办了椰子病防治技术培训班，展示了中国热带农业科技。2018年，基地专家赴冈比亚执行农业技术援助项目可行性考察任务，考察成果《援冈比亚农业技术援助项目可行性研究报告》在第二届中非合作论坛北京峰会上得到两国元首的见签。这样的例子还有很多——阿联酋的“民族之树”椰枣出现红棕象甲为害，马尔代夫“生命之树”椰子出现椰心叶甲为害，莫桑比克腰果产量下降等农业紧要关头，基地及时派出专家，开展生产调研、技术指导和培训，有效解决了当地农业生产实际问题。尤其是承担的中国援刚果（布）农业技术示范中心项目，被盛赞为中非农业合作的典范。热带农业国际合作既回应了热区国家的重点关切，又贴合公众利益与民生，已成为打造“一带一路”命运共同体和利益共同体的民生工程和最佳结合点之一。三是有力支撑地方政府农业对外合作。有力支撑海南省与斯里兰卡南方省、密克罗尼西亚联邦雅浦州、柬埔寨磅湛省等友好城市关系发展，务实推进了地方政府农业对外的交流与合作。同时，积极服务海南地方政府重大外事活动，多次派员参加博鳌亚洲论坛政要组接待工作。承办或协办中非热带农业科技合作论坛、中非农业合作圆桌会议和中国—东盟农业科技合作研讨会等国际会议。

3. 科技支撑农业“走出去”服务平台基本建成

一是构建热带农业专家信息库，为走出去企业提供适宜专家。专门建立了热带农业“走出去”专家库，在库专家150多名，涵盖天然橡胶、木薯、热带牧草、热带水果等领域。二是构建热带作物品种库，为“走出去”企业推荐优良品种。建立了橡胶、木薯、油棕、热带牧草等种质资源圃，培育出优良新品种300多个，编辑出版《“一带一路”热带国家农业共享品种与技术》，有效解决企业在外种什么、怎么种等难题。三是集成热带农业共享技术与产品，为“走出去”企业提供实用技术。电动割胶、木薯高产栽培、椰枣红棕象甲综合防治等技术为我国在柬埔寨、尼日利亚、阿联酋等国的农业企业发展提供了有力的技术支撑。先后向柬埔寨、印度尼西亚、泰国出口甘蔗、木薯生产机械技术18批次70余台。四是构建培训教材体系和教材库，为“走出去”企业提供通俗教材。依托原创成果和亲身经验，构建了中国热带农业“走出去”技术培训教材体系，并完成了《中国热带农业“走出去”实用技术》系列教材的编写和出版，教材共计16册，采用中、英、法文出版。五是构建来华培训学员档案库，为“走出去”企业提供高端人际关系。利用中国热带农业科学院举办国际培训的工作基础，建立有2 000余名外国学员在档的学员库，这些学员对华感情浓厚，是“走出去”企业发展的高端人际资源。六是编辑农业投资目标国国情分析报告，为“走出去”企业提供重要信息。整理了柬埔寨、越南、巴基斯坦等90多个国家热带农业国别信息，发布了橡胶、澳洲坚果、椰子等20多种作物产业信息。七是布局境外研发平台，就近为“走出去”企业提供科技服务。目前我院已在柬埔寨、刚果（布）、密克罗尼西亚等14个国家建立了15个境外平台，开展热带农业技术适应性研究与示范培训，为企业“走出去”提供科技支撑。

五、成果产出

2004—2019年，取得国家发明专利1 389件，发表的SCI论文1 704篇，其中，中外合作署名论文111篇；出版专著100余部；牵头起草国际标准1项，参与6项，起草国内标准100余项。上述合作成果增强了我国热带农业科技创新能力、提升了热带农业科技水平、促进了热区经济发展和农民增收，对科技支撑中国热带农业“走出去”、服务国际科技外交、提高中国热带农业的国际影响力和话语权具有重要作用。

六、可持续发展思路

中国热区面积小，只有50多万平方千米，但它对满足我国天然橡胶、热带水果、热带瓜菜和热带糖料等重要热带农产品的需求发挥了重要作用。世界热区主要位于东南亚、南亚、非洲、拉美和南太平洋岛屿，土地面积5 000多万平方千米，涉及100多个发展中国家，总人口55亿，其中农业人口28亿。这些国家是我国打造世界热区经济政治利益共同体和命运共同体的重要伙伴。热带农业科技国际合作基地特色鲜明、区域优势明显、作用巨大。下一步，中国热带农业科学院将进一步整合全院资源，完善热带农业科技国际合作基地建设；依托基地，申报各类国际合作项目，以项目带动热带农业科技创新合作、人才培养和成果转化，促进热带农业科技国际合作基地可持续发展。

第二节　国家引进国外智力示范单位

一、成立背景

2010年4月，中国热带农业科学院香料饮料研究所被国家外国专家局命名为“特色热带香料饮料作物引种及产业化”国家引智基地。国家引智基地的建立对中国热带农业科学院的引智工作具有重要现实意义，不但有利于引进国外先进的新品种和新技术，加速科技创新步伐，还有利于拓宽发展空间，促进我国热带农业技术“走出去”，服务国家科技外交大局。2015 年 12 月，国家引智基地顺利通过评估，被命名为“国家引进国外智力示范单位”。

二、功能定位

示范基地主要开展种质资源保护与创新利用；国外育种、栽培和加工技术的引进消化吸收再创新；引智成果的示范和推广应用等方面的工作。

三、重点任务

1. 育种技术引进与品种培育

邀请美国、荷兰、哥斯达黎加、马来西亚等国家育种专家来华，合作开展种质创新利用和新品种培育研究，大大提高了创新利用水平。结合前期基础，选育适合我国气候环境特点的优良品种 20 多个，促进了咖啡、胡椒等产业升级，提高了产业国际竞争力，为热区农民增收，农业增效做出了重要贡献。图 2-1 为中国热带农业科学院专家赴哥斯达黎加考察咖啡初加工技术。

图 2-1　中国热带农业科学院专家赴哥斯达黎加考察咖啡初加工技术

（中国热带农业科学院香料饮料研究所　供图）

2. 种苗与栽培技术引进及再创新

从哥斯达黎加、厄瓜多尔、斯里兰卡、泰国、马来西亚等国家引进芽接育苗技术、组培快繁技术和复合栽培技术，通过消化吸收再创新，建立胡椒、咖啡、香草兰等高通量种苗繁育技术体系。其中，咖啡、可可等芽接育苗成活率达 90% 以上，研发配套的槟榔 / 胡椒、香蕉 / 咖啡、椰子 / 可可等高效栽培模式，平均单产提高 25% 以上。图 2-2 为中国热带农业科学院专家与泰国清迈大学专家进行科技合作座谈会。

图 2-2　中国热带农业科学院专家与泰国清迈大学专家进行科技合作座谈会
（中国热带农业科学院香料饮料研究所　供图）

3. 加工技术引进及再创新

从印度尼西亚等国家引进热带香料饮料作物产品加工技术，并针对精深加工产业化落后、产品附加值低等问题，系统开展加工关键技术与配套设备研究，研发出植物香水 / 香氛、风味巧克力等系列科技产品 50 多种，丰富了热带香料饮料作物产品种类，延伸了产业链，提升了附加值。

四、成果产出

采用“科研院所＋农户”“科研院所＋公司（合作社）＋农户”等多种模式，向我国及世界其他热区推广应用热带香料饮料作物技术成果，起到了良好的示范、辐射与带动作用。

1. 引智成果在国内的示范推广

派出专家科技服务800多人次，培训农户、技术骨干近1.5万人次，免费发放图书资料7万多册，建立示范基地35个，促进了产业向优质、高效方向发展。在示范推广的带动下，海南省国营东昌农场胡椒面积增加至1.6万亩（1亩≈667平方米，1公顷=15亩，全书同），成为“全国最大的胡椒生产基地”；云南省绿春县胡椒面积从1 000多亩发展到目前的5万多亩，一跃成为“云南胡椒之乡”；云南省保山市潞江镇新寨村咖啡种植面积从0.8万多亩发展到2万多亩，成为“中国咖啡第一村”。

2. 引智成果“走出去”

派员出国进行产业考察指导25余人次，接待外国专家、生产企业代表等来访350余人次，举办商务部援外培训班5期，进行技术交流、指导和培训，输出我国先进的热作生产技术及管理模式，服务国家“一带一路”建设。

3. 项目成果产出

获批“胡椒新基因资源挖掘及其功能验证”等引智类国际合作项目6项，“可可种质资源收集保存鉴定评价与利用”等海南省科学技术进步奖二等奖2项，获授权发明专利5项，发表SCI论文10篇。

五、可持续发展思路

1. 加强境外专家的引进力度，增强联合创新能力

加强资源育种、高效栽培、产品加工等学科领域知名专家的引进与合作，通过共建联合创新中心（实验室），凝练科学问题，联合研究共性关键技术问题，促进香料饮料作物产业健康持续发展。

2. 加强境外核心资源的引进、筛选与创新利用

加强热带区域香料饮料作物种质资源的引进，经系统鉴定评价，筛选具有高产、优质、抗逆等性状的优良育种材料，丰富我国香料饮料作物种质资源多样性，培育适合我国气候特点的新品种。

3. 加强境外育种、栽培和加工技术的引进消化吸收再创新

加强分子辅助育种、高效栽培、高值化加工等关键技术的引进与创新利用，促进资源的高效利用、绿色生产及高值化产品研发，延伸产业链，提升附加值。

4. 加强引智成果的推广应用

加强引智成果在国内的集成示范与推广应用，促进国内产业健康持续发展；同时，加强引智成果反哺机制，通过境外培训班、示范基地建设等方式，实现引进成果共享，服务国家热带农业科技“走出去”。

第三节　国家引才引智示范基地

2020 年，中国热带农业科学院橡胶研究所入选“国家引才引智示范基地”。今后，示范基地将从特异橡胶资源和高效生物育种技术两个方面开展引才引智和成果示范工作，打造高性能天然橡胶品种培育创新平台，为我国天然橡胶基因组编辑技术构建、优良品种培育以及品种试种示范提供智力支持，推动我国天然橡胶产业转型与升级。

中国热带农业科学院橡胶研究所一贯重视引才引智，与美国夏威夷大学、美国肯塔基大学、美国俄亥俄州立大学、法国农业研究发展中心等世界著名科教机构，在橡胶树转化体系、基因组编辑体系等领域开展密切的科技合作和交流，建立长期稳定的合作关系。通过引才引智工作，橡胶研究所科技人员的专业知识和实验技能得到全面提升，为橡胶研究所基因组编辑育种研究工作的开展打下坚实的基础。

第四节　农业对外合作科技支撑与人才培训基地

一、成立背景

为贯彻党中央、国务院关于促进农业对外合作的总体精神，落实农业对外合作部际联席会议、全国农业对外合作工作会议安排部署，建立农业“走出去”科技支撑服务体系，加强农业对外合作人才队伍建设，根据《农业部办公厅关于组织开展农业对外合作科技支撑与人才培训基地遴选试点工作的通知》（农办外〔2016〕3号），经组织申报、专家初评、现场答辩、实地复核、网上公示等程序，2017年7月3日，农业部决定认定中国热带农业科学院为首批农业对外合作科技支撑与人才培训基地（以下简称“基地”）。基地的成立，有利于发挥中国热带农业科学院的科技优势、人才优势和区位优势，整合热区农业对外合作科技支撑和人才培训资源，更好服务国家“一带一路”倡议和农业“走出去”战略。

二、建设成效

作为全国首批四家基地之一，农业对外合作科技支撑与人才培训基地核心任务为重点面向中南半岛、非洲等重点地区，联合云南、广西等地科研院所，提供粮食和热带、亚热带特色农作物种植技术的孵化、推广和培训等。基地日常管理挂靠中国热带农业科学院国际合作处。基地获批以来，重点在热带农业技术与人才培训、科技支撑能力建设、信息服务平台完善、科技支撑农业企业“走出去”和关键技术研发等方面开展工作并取得以下亮点。

1. 积极开展热带农业技术与人才培训

依托基地及FAO热带农业研究培训参考中心，开展面向“一带一路”国家的热带作物种植与加工技术、热带作物病虫害绿色防控技术等一系列热带农业技术培训，共举办境内外培训班30期，培训来自亚非拉38个国家的1 316名学员，其中承担商务部来华短期多双边培训班10期，商务部海外培训班在卢旺达、桑给巴尔、刚果（布）和密克罗尼西亚举办了4期；在澜沧江—湄公河合作专项基金支持下，面向柬埔寨、老挝、越南、缅甸和泰国的主题培训班6期；在农业国际交流与合作专项支持下，在柬埔寨、老挝、莫桑比克、尼日利亚和刚果（布）举办境外培训班10期。培训工作得到了学员国政府和学员的高度认可，卢旺达农业与畜牧业发展委员会高度评价我院在海外培训班的组织工作，并与中国热带农业科学院签署热带农业科技合作协议，拓展并深化合作的领域和范围；外交部肯定中国热带农业科学院在密克罗尼西亚开展的农业援助工作；培训工作得到国内外媒体的关注，《农民日报》《海南日报》《万象时报》，卢旺达、刚果（布）、密克罗尼西亚、柬埔寨等国媒体都参与报道。

2. 强化热带农业科技支撑能力建设

一是完善热带农业"走出去"专家库，协同热区9省区科研机构和大学，分别在天然橡胶、油棕、木薯、热带牧草、蔬菜、玉米、腰果、剑麻等作物的种植、植保和加工等领域建立有专家库，现有入库专家160余人；二是加强对外培训教材体系建设，完成《热带农业"走出去"实用技术系列丛书》中、英、法三语的16册出版，并获中国热带作物学会科技进步二等奖；三是梳理热带农业"走出去"重点合作国别的技术需求，遴选适合转移转化的先进技术，编写《热带农业"走出去"技术汇编》中英文版本。

3. 加强热带农业"走出去"公共信息服务平台建设

以中国热带农业走出去研究中心为依托，搭建并完善热带农业"走出去"公共信息服务平台，平台内容涵盖国家与区域、政策法规、科技资源、企业名录、合作平台与案例、数据统计和研究报告等一级栏目，并开展了东南亚国家热带农业资源数据收集和评价指标体系构建工作。

4. 积极开展与"走出去"企业的合作

与云南农垦产业研究院、老挝昆仑明珠农业开发公司、黑龙江省工业经济合作促进会、腾冲市金鑫经贸有限公司4家企业签署了境外农业开发合作协议。为瓦努阿图棕榈油有限公司、云南农垦集团云橡投资有限公司、广垦国际（柬埔寨）有限公司、辽宁三和矿业投资有限公司等10多家企业在瓦努阿图、老挝、柬埔寨、刚果（金）等国家开展木薯、橡胶、油棕、热带水果生产提供种植、病虫害和加工技术示范和指导，有效推动中国涉农企业"走出去"。

5. 加强境外平台建设和技术研发

获批"一带一路"热带项目，为科技支撑企业"走出去"奠定基础。在已有的刚果（布）、尼日利亚、厄瓜多尔境外平台布局基础上，新建有中国热带农业科学院柬埔寨农业试验站，重点开展木薯、橡胶良种繁育及高效栽培技术示范；依托境外平台，加强热带农业关键技术针对性研究，在非洲开展木薯抗花叶病品种选育，在南美开展咖啡锈病防治联合研究，在东南亚开展木薯、橡胶生产加工机械化，一系列工作有效地提高热带农业技术国际转移成效。

三、存在问题

当前，我国热带农业产业技术国际转移尚处于起步阶段，成功案例不多，需要加强引领，积极探索，重点支持。国际合作人才队伍薄弱，特别是既有一定的专业特长又有较好外语水平的人才极缺乏，同时，国际合作管理队伍与工作发展不匹配，需要进一步加强热带农业科技国际合作人才队伍建设。基地依托单位在涉外培训工作取得一定成效，但由于缺乏稳定的资金支持，在实施“扬帆出海”培训工程，打造企业家、技术专家、政策资讯、行政管理、国际组织后备人才 5 支农业对外合作专业队伍方面还有待进一步拓展。

四、可持续发展思路

基地下一步将多渠道争取并组织实施好对外培训任务。加强与云南、广西等热区 9 省区科研机构合作，重点把热带农业新技术、热带作物病虫害防控技术等主题培训做成基地的品牌培训项目，发挥自身的科技和人才优势，结合热带农业科技创新和农业“走出去”需求，积极承担境外培训项目。完善热带农业科技支撑条件建设。整合基地依托单位的人才资源、平台资源、后勤保障条件，组建培训中心，完善专家库、教材库和学员库，保障基地工作的可持续开展。加强热带农业先进适用技术研发。提高关键技术研发的针对性，集中力量突破关键性技术，力争研发一系列新品种、新设备、新技术，有效支撑农业对外合作工作开展。

第五节　热带农业对外开放合作试验区

一、成立背景

为贯彻党中央、国务院关于促进农业对外合作的总体精神，落实农业对外合作部际联席会议、全国农业对外合作工作会议部署，加快推进“一带一路”建设和农业“走出去”，根据《农业对外合作“两区”建设方案》（农外发〔2016〕3 号）和《农业部关于组织开展境外农业合作示范区和农业对外开放合作试验区建设试点的通知》（农外发〔2016〕4 号）要求，中国热带农业科学院专项申报了热带农业对外开放合作试验区。2017 年 3 月 27 日，农业部国际合作司派出专家考察团，对中国热带农业科学院申报的热带农业对外开放合作试验区进行实地考察。座谈会上，中国热带农业科学院试验场向考察团详细介绍了中国热带农业科学院国家（儋州）

热带农业科技博览园总体规划和热带农业对外开放合作试验区的发展思路、目标、规划定位、建设优势、组织管理以及对外合作等相关情况。2017 年 8 月 6 日，经专家评审、现场答辩、实地复核、网上公示等程序，农业部决定认定中国热带农业科学院申报的热带农业对外开放合作试验区等 10 个试验区为首批农业对外开放合作试验区建设试点。

二、主要目标

通过试验区 2 ～ 3 年的建设和运行，在国际科技创新合作、成果技术转移转让、人力资源合作开发、科技支撑企业“走出去”、财政支持制度创新等方面有新进展，推动热带农业对外开放与合作的机制体制进一步优化，形成一批具有借鉴价值和推广意义的经验模式，服务和孵化一批具有较强国际竞争力的“走出去”企业。打造热带农业对外开放的引领区、对外创新的先行区、“新六产”发展的示范区以及体制机制改革的试验区。

三、重点任务

一是打造热带农业国际科技创新合作试验平台。主要包括搭建国际热带农业科技创新联合实验室、建立热带农产品风险防控体系、探索创新热带农业科技国际合作体制机制、探索热带农业资源引进与技术转移转让新模式、探索建立热带农业科技财政支持制度 5 个方面。二是打造热带农业对外开放合作公共服务平台。包括科技支撑热带农业公共信息服务能力建设、建立热带农业对外开放合作技术咨询服务平台、打造热带农业对外开放合作投资促进平台、建立国家热带农业对外合作发展联盟、建立热带农产品标准化生产基地、开展热带农业对外合作宣传与培训 6 个方面。三是打造热带农业引资引智引技支撑平台。主要是打造“一带一路”热带国家农业资源保护利用平台和构建热带农业科技支撑与人才培训平台。四是打造海南农业对外开放合作新平台。包括创新试验区对外开放合作模式和精准对接海外园区发展需求两方面。

四、管理运行

中国热带农业科学院全面贯彻落实农业农村部关于“两区”建设试点的决策部署，以建成优势突出、特色鲜明、底蕴深厚的“科技与人才培养型”农业对外开放合作试验区为目标，坚持创新驱动的建设思路，实现双轮驱动。试验区成立了建设领导小组和工作小组，领导小组负责试验区建设试点工作的组织指导、过程监督和检查验收，工作小组负责具体任务实施。领导小组下设办公室，办公室设在中国热带农业科学院国际合作处和试验场。中国热带农业科学院积极与热区九省区科教单位合作，统筹全院优势资源，为试验区建设提供条件保障。试验区依托中国热带农业走出去研究中心，遴选了12支“走出去”研究团队，承担和落实研究任务，协同推进中国热带农业“走出去”。

五、建设成效

热带农业对外开放合作试验区属于“科技与人才培养型”园区，其建设核心地点位于儋州市宝岛新村中国热带农业科学院试验场，规模达5万余亩，主导天然橡胶、木薯、香蕉等热带作物产业。试验区自2017年创建以来，坚持创新驱动的建设思路，依靠中国热带农业科学院的技术与人才优势，着重科教人文交流和国际复合型人才培养，辅助琼海试验区，支撑中柬示范区，实现双轮驱动，内外融合发展。在国际科技创新合作、成果技术转移转让、人力资源合作开发、科技支撑企业“走出去”、财政支撑制度创新等领域卓有成效，形成一批具有借鉴价值和推广意义的经验模式。试验区创新举措、搭建平台、创建机制，着力打造“四大平台”。

1. 热带农业国际科技创新合作试验平台

一是不断加强国际学术与交流。组织策划和申报国际合作项目351项，获批167项，总经费12 630万元。发表论文1 015篇，获批专利683项。主办或承办国际学术会议21次，派出284个团队971人次赴境外交流。接待50多个国家的学术团队344个，来访人员3 515人次，与澳大利亚国际农业研究中心等签署合作协议78份。二是设国际联合实验室和境外示范基地。新设国际联合实验室7个，在天然橡胶栽培与加工等热带农业关键技术领域开展合作研究。与云橡有限公司（老挝）等单位合作，新建境外试验示范基地8个，开展热带农业技术适应性研究与示范。三是构建国际热带农业技术转移体系。获批成立热带农业技术转移中心，储备科技成果3 265项，其中审定品种170项、重点技术162项、研发产品349个。开展了省内外农业技术对接活动130次，与中国化工集团曙光院、法国格拉斯香料公司等国内外企业签订合作协议75项，在境内转移科技成果56项，向境外转移科技成果22项。四是建立健全热带农产品风险防控体系。建立区域性农作物有害生物监测、预警及防治体系，提升热区国家作物质量安全与疫情联防联控水平。开展了农药残留国家标准制定项目 49 项。五是完善“走出去”试验田。试验区儋州“十四基地”已完成，共落户建设项目 35 项，其中科研项目 31 项、联合开发项目 3 项、旅游项目 1 项。新建扩建标准化示范基地 14 个，总面积 3 592 亩，包括椰子槟榔观光园、火龙果示范园、林下魔芋育种基地等。

2. 热带农业对外开放合作公共服务平台

一是健全和完善公共信息服务内容。针对天然橡胶、油棕、木薯等重要热带农产品，研发适合境外的优良热带作物品种和技术。为企业提供华南 16 号木薯等优良品种近 20 个，提供电动割胶、木薯栽培、胡椒种植与初加工等技术 20 余项。建立了热带农业对外合作信息服务平台，成立了中国热带农业对外合作发展联盟，完善了国际合作专家数据库，开展了“一带一路”国家国别研究，为中国企业“走出去”提供技术支撑和信息咨询服务。二是服务国家外交，开展援外工作。落实国家领导人对外承诺等任务，赴密克罗尼西亚、萨尔瓦多、冈比亚等国家开展农业技术考察、规划编制和技术培训。累计派出 68 个专家团组 260 人次分赴非洲、南亚、南美等境外 42 个热区国家执行国际合作项目和热带农业考察任务。选派 5 名科技人员，赴阿根廷、缅甸、柬埔寨等国家担任农业外交官。多次派员参加博鳌亚洲论坛政要组接待工作，先后接待了近 20 个国家政要及外宾 3 000 余人。三是开展热带农业对外合作培训。完成系列培训教材 16 册，累计举办涉外培训班 44 期，培训来自亚洲、非洲、美洲和大洋洲学员 3 093 人次，建立有 2 000 名外国学员在档的数据库。其中，赴境外为云南农垦集团云橡投资有限公司等企业举办培训班 11 期，培训学员 530 人次。

3. 引资引智引技支撑平台

引进特色优异种质资源 2 568 份，保存种质资源 4.7 万份；引进高端外国专家 17 人到中国热带农业科学院开展合作研究，引进椰枣组培、作物成簇规律间隔短回文重复（CRISPR）基因编辑、橡胶树基因编辑等先进技术 52 项。

4. 海南农业对外开放合作新平台

一是创新试验区对外开放合作模式。为琼海试验区发展提供科技支持，与琼海试验区融合发展，汇聚科技、文化交流和资金等有利条件，为企业海外发展保驾护航。二是精准对接海外园区的发展需求。与海南顶益绿洲生态农业有限公司合作，在柬埔寨建立胡椒标准化栽培示范基地，为柬埔寨—中国热带生态农业合作示范区建设提供科技支撑。

第六节 热带农业技术转移中心

一、成立背景

为了立足海南，服务中国热区，走向世界热区，加快中国热带农业科学院科技成果走出去。2016年3月，中国热带农业科学院经海南省科技厅批准设立“中国热带农业科学院热带农业技术转移中心”（以下简称“中心”），是专门从事国内外科技成果转移转化和相关业务的平台机构。

二、功能定位

热带农业技术转移中心秉承“创新技术转移模式，服务区域产业发展”的理念，面向现代热带农业战略和产业技术需求，致力于整合院内外科技资源，覆盖热带农业全产业链、产业化全过程、企业需求一站式、协同化、一体化、网络化、平台化、国际化的技术转移工作体系，促进中国热带农业科学院及热区科技成果的转化和先进应用技术的转移，服务海南省、热区“三农”和国家“一带一路”建设和农业“走出去”。

三、重点任务

热带农业技术转移中心主要开展以下业务。

1. 完善体制机制建设

积极探索以中国热带农业科学院为依托、企业为主体、政府为支撑、市场化运作、服务为先导、投资为引擎的“政府 + 科技 + 企业 + 金融 + 互联网 +”五位一体发展模式，并建立起公益与市场相结合的运行机制。

2. 搭建信息共享平台

建设技术转移网站，搭建“组织、技术、人才、资金、交易”五个服务平台，建立热带农业技术成果库、专家库，发布可推广转化交易成果，动态发布技术合作供求信息，实现技术、人才、科技条件、项目等合作“信息共享”。

3. 搭建技术交易平台

提供成果技术对接、产权转让产权交易服务，为企业提供项目投融资咨询、知识产权保护咨询、规划与项目咨询服务、成熟技术相互之间的落地转化和企业发展提供创新政策咨询等“配套服务”。

4. 搭建产学研合作平台

举办技术转移对接会、科技项目和成果推介会、企业技术需求信息发布会和其他产学研合作洽谈、考察活动，实现技术、项目、人才等创新资源的对接，增强科技与产业、经济技术发展深度融合发展。

5. 搭建成果展示平台

组织参加大型高科技成果及农业技术展会，综合运用平台、协会、互联网等多渠道开展成果、产品及品牌的发布、展示、咨询、交易、服务等，助推热带特色高效农业科技成果的转化、孵化和产业化。

6. 搭建“走出去”平台

建立中心与国外联系平台网络，合作建立服务平台，积极推动农业技术“走出去”活动，为企业提供工程化可转化成果和关键技术解决方案，促进技术集成开发、技术熟化与转化，企业到国外创办园区和基地。

7. 搭建技术培训平台

举办热带农业有关科技、人才、新型职业农民培训班、发展中国家热带农业新技术培训班、学术论坛、学术报告会，为热带农业发展提供科技前沿资讯，助力我国热区乡村振兴和农业科技“走出去”。

四、机构运行

热带农业技术转移中心实行指导委员会领导下的中心主任负责制，汇聚全院力量，共同推动技术转移工作。中心设主任 1 名，由分管院领导担任，常务副主任 1 名，由院开发处处长担任；副主任 2 名，由院开发处副处长和国际合作副处长担任。下设综合部、国内业务部、国际业务部和技术部四个职能部门和若干个专业部门，拥有中心会员单位 25 个。根据转移中心运行管理发展需要，已制定完善转移中心管理规章制度 4 个，包括《中国热带农业科学院热带农业技术转移中心章程》《中国热带农业科学院热带农业技术转移中心内设机构设置及主要职责》《中国热带农业科学院热带农业技术转移中心管理办法》《中国热带农业科学院热带农业技术转移中心管理手册》。

2017年，中国热带农业科学院转移中心门户网站正式上线运行，网名：中国热带农业科学院热带农业技术转移中心（http://zy.catas.cn/），设有中心介绍、新闻动态、政策法规、技术成果、技术转移、技术服务、技术研发、人才队伍、合作伙伴等10个栏目。围绕国家和产业发展需求，转移中心建有热带农业技术成果库。目前，中心储备具有推广价值的科技成果3 316项，其中鉴定成果87项、获奖成果337项、授权专利1 772项、审定品种165项、软件著作权160项、重点技术162项、研发产品349个。网站稳步发展，运转良好，已成为技术转移中心对外发布信息和新闻宣传的重要载体。

五、建设成效

中心通过技术服务、品种推广、成果推介等方式，以研发合作、技术转让、技术许可、作价投资转移转化的技术成果98项，其中，以转让方式转化科技成果12项，成果转化收入2.4亿元。新推出酸性土壤改良肥、死皮康等肥料10种，研发的酸性土壤改良肥在全国多个省区布置试验和示范推广效果良好；新推出纳米祛斑霜、沉香、胡椒、椰子等系列功能性产品40多种，其中26个产品获市场准入许可，获高交会优秀产品奖8项；新推出电动胶刀、固定式木薯杆粉碎机等农机装备12种，建立我国第一条电动胶刀生产线并实现量产，电动胶刀、甘蔗、木薯农机装备实现出口“走出去”。

中心大力宣传与推广院科技成果，组团参加全国农业品牌创建推进工作会、中国国际高交会、北京科博会、广东现代农博会、海南冬交会等推介活动。打造品牌，开展“强农兴邦中国梦·品牌农业中国行——走进兴隆”活动，评选“2017十佳创新香料品牌产品”，在中国国际农产品交易会举办“2017中国香料品牌论坛”。承办海南省“第二届品牌故事大赛”复赛，荣获2017年海南省质量协会优秀单位。“文昌椰子”被授予全国农产品地理标志，“文昌椰子”“兴隆咖啡”获海南省农产品十佳公用品牌。

中心成立以来开展农业技术对接活动200余次，与中国化工集团曙光院、法国格拉斯香料公司等国内外近140余家企业签订合作协议155项。以同立项、同公关、同转化的方式，促进了热带农业科技成果与现实生产对接和转换，取得了良好社会经济效益。同时，转移中心拓展国外技术服务领域，积极为涉外农业企业提供技术支撑，助推我国涉外企业“走出去”。面向老挝、马来西亚、尼日利亚、刚果（金）等国家转移橡胶生产、沉香结香、木薯粉小型清洁生产和油棕育苗等关键技术 11 项。邀请了东盟—中国工商总会、柬埔寨钢铁矿业集团等多家国际企业集团来我院洽谈合作，寻求技术支持，联合开发境外热带农业。与绿洲农业发展（柬埔寨）有限公司、环宇农业发展（柬埔寨）有限公司等国际企业集团和国际热带农业中心、国际热带农业研究所等科研机构及院校签署合作协议 32 项，从热带农业产业发展规划、生产、加工和研发技术等全方位支撑企业“走出去”境外发展，成功将热带农业技术从国内向柬埔寨、老挝、瓦努阿图、阿联酋等 10 多个国家转移，中国热带农业科学院热带农业科技在支撑企业“走出去”方面凸显出越来越重要的作用，显现出广阔的发展空间和应用前景。

中心与云南农垦集团云橡投资有限公司、老挝国家农林部农科院共同举办 2 期橡胶生产技术培训班，为企业“走出去”提供科技支撑。为广垦国际（柬埔寨）有限公司、春丰橡胶有限公司（柬埔寨）有限公司和环宇农业发展（柬埔寨）有限公司举办了 2 期热带农业标准“走出去”转化推广暨天然橡胶抗旱栽培技术科技支撑企业“走出去”技术培训班。在柬埔寨、莫桑比克、刚果（布）、泰国等举办木薯、芒果、腰果、蔬菜等技术培训班 7 期，共培训人员 267 人次。在莫桑比克建立了展示我国新技术和新品种的腰果、芒果试验示范基地，对我国热带农业“走出去”发挥了技术支撑作用。并且举办发展中国家热带果蔬种植与加工技术、发展中国家热带作物病虫害防控技术、发展中国家热带农业新技术等培训班，培训学员为来自卢旺达、博茨瓦纳、喀麦隆、古巴、多米尼加等 30 多个发展中国家从事农业的政府官员、企业代表、农场主等共 160 多人。科技支撑企业走出去内容丰富，针对性强，效果显著，企业反响热烈。为积极推动热带农业走出去建设，与企业合作建立海外试验示范基地等平台奠定了更加坚实的基础。

六、存在问题

通过中心的运行，也逐渐出现以下问题。

1. 缺少成果转化类的专项经费

现有成果转化类经费来源渠道少，从各渠道争取的成果转化类的经费不足，连续性不强，同时由于受经费使用范围的限制，不能用于大型仪器设备的采购，对于一些需要改进生产工艺、持续滚动支持的项目，难以做到经费保障。

2. 知识产权保护不到位，转化价值降低

缺乏知识产权全过程管理意识，申请保护不到位，影响了成果的正常转化；对外签署科技成果转移转化合作协议风险防范和技术保密意识不够，易发生纠纷。

3. 转移中心平台功能不够完善，转化成效较低

转移中心平台功能单一，经营效益不佳、转化范围较窄，无法有效开展科技成果转移转化工作，造成科技成果转化成效低。

4. 多数科技成果市场竞争力不强

多数科技成果由科研经费投入产出，在立项前与市场结合不够，而在产出过程中多数人工、场地租赁、水电等成本均折算在科研经费中，成果真正放到市场上与其他同类产品相比，无明显竞争优势，大多无转化价值。现有科技成果多数都未做过市场评估，存在较大不确定性和商业化风险，难以与需求方对接，难以顺利转化。部分成果市场潜力未经充分挖潜，转化效率、效益低。

5. 成果转化人才队伍不足，推转能力弱

缺乏科技成果转化专业型人才，现有的科技成果转化人才结构、数量根本无法满足科技成果转化体量的需求，造成自我推广转化能力弱。

6. 广告宣传工作有待加强

一些相对成熟的科技成果或科技产品，还需要进一步加大宣传力度，和企业动辄上百万元的广告宣传费用相比，中国热带农业科学院用于科技成果的广告宣传费用基本是零，一些较为成熟的科技成果或科技产品的商业价值没有得到完全的挖掘，与市场对接不畅。

七、可持续发展思路

为了中心的可持续发展，下一步尚需在以下几个方面进行探索。

1. 探索技术转移中心治理模式

进一步完善科技成果转化体系建设，推进科技、资源、平台三结合，强化同立项、同攻关、同转化，探索新形势下多元化技术转移中心治理模式，推进技术转移中心治理体系和治理能力现代化。

2. 强化成果转移转化机制建设

强化知识产权的保护、科技成果转移转化激励机制和考核评价机制建设，推进科技成果培育、转移转化和产业化，真正使科技人员“名利双收”，促进科技成果转化工作提质增效。

3. 发挥转移中心引领作用

充实热带农业技术转移中心成果库，挖掘一批有潜在商业价值的成果，重点培育或推介。整合政府、行业、企业、金融、互联网等多方资源，推进海口科技成果转移转化中心运营，发挥院科技成果展示窗口作用。

4. 强化产品研发推向市场

支持院所研发和推出具有高增值效益的新材料、新技术、新品种、新产品、新设备，积极促进特种胶、电动胶刀、酸性土壤改良肥、健康饲料等产品规模化、市场化和品牌化。

5. 加大农业科技品牌建设

发挥互联网新媒体作用，宣传与推广院科技成果，结合优势打造产品、企业和区域品牌，发挥中国优农协会香料产业分会、海南质量协会等行业协会作用，不断提升我院的显示度和影响力。

6. 加强转化人才队伍建设

加强市场营销、品牌推广、运营管理等科技成果转移转化人才队伍建设，通过调整、引进、培育的方式配备专业人才，逐步完善人才队伍结构，提高人才队伍质量。

7. 助推涉农企业走出去

响应国家“一带一路”倡议，积极与“一带一路”国家开展合作，加大“一带一路”热带农业技术的示范与推广，进一步组织熟化集成走出去技术，助推涉农企业走出去。

第七节　中国热带农业“走出去”研究中心

一、成立背景

为配合国家“一带一路”倡议的实施，进一步发挥中国热带农业科学院在热带农业“走出去”的科技资源优势，不断提升和增强中国热带农业科学院的国际地位和影响力，中国热带农业科学院在 2015 年 4 月 13 日决定成立中国热带农业“走出去”研究中心。该中心设在科技信息研究所，业务归口管理为院国际合作处，办公室设在科技信息研究所，负责日常管理。研究人员按照项目养人和“一事一聘”原则，聘请我国热区相关农业机构和国际组织相关专家，或者院属科研单位、机关相关部门人员兼职。

二、功能定位

中国热带农业“走出去”研究中心定位于院级国际合作科技平台，在农业农村部相关司局指导和院管理下开展工作，负责中国热带农业“走出去”的相关政策研究、咨询等工作，针对我国需求量大的天然橡胶、油棕、木薯等重要热带农产品，为中国企业在境外农业开发提供技术支撑和政策咨询服务。

三、重点任务

中心主要开展以下业务。

（1）开展中国热带农业“走出去”项目规划和热带农业国际转移等工作。

（2）开展东道国热带农业资源引进、热带农业科技发展、国外热带农业技术推广提醒及土地、劳动用工政策等研究。

（3）研究中国热带农业“走出去”所需的国内政策、服务、环境，提出相关体系建设的政策建议。

（4）收集并分析国际热带农产品质量标准和进出口贸易趋势，建设中国热带农业“走出去”数据库，为中国热带农业“走出去”提供信息服务和决策依据。

第八节　热带农业国际培训中心

一、成立背景

为更好地服务国家“一带一路”倡议和农业“走出去”，扩大热带农业国际培训，2016 年 2 月 17 日，中国热带农业科学院决定成立热带农业国际培训中心。热带农业国际培训中心作为院级国际培训平台，在农业部、商务部、科技部等相关部委的指导和院的领导下开展工作，将整合院内外资源，统筹全院国际培训，更好地服务国家“一带一路”倡议，引领中国农业“走出去”。努力建成服务中国热区、辐射全国、对接世界热带农业的国际培训中心。

二、重点任务

该中心主要开展我国援外农业技术和农业官员培训、农业龙头企业“走出去”培训、农业国际化人才培训、留学生培养以及受国际组织和外国政府委托培训等工作，培训热带国家农业官员、农业科技骨干、热带农业国际化人才，为热带地区农业发展提供人才和智力支持。同时，开展农业创新人才培训、博士后培养、管理干部培训等其他培训工作。

三、建设成效

依托该平台，共举办境内外涉外培训 100 多期，培训了来自亚洲、非洲、美洲和大洋洲 100 多个国家的 4 000 多名学员，探索建立了以援外培训、服务农业“走出去”和科技合作创新三者相结合的培训新模式。境内外国际培训规模与数量有了很大提高，培训机制及模式得到快速发展，相关工作得到了受援国政府、驻外使领馆及参训学员的肯定。

第九节 “一带一路”热带农业科技创新中心

一、成立背景

为落实《“十三五”国家科技创新规划》，服务国家“一带一路”倡议和农业“走出去”，加快推进热带农业科技创新，中国热带农业科学于 2016 年 8 月 29 日成立中国热带农业科学院“一带一路”热带农业科技创新中心。

二、功能定位

该中心作为院级国际科技合作平台，是中国热带农业科学院热带农业科技国际合作基地的“五大中心”之一，重点针对“一带一路”国家热带农业发展需求，联合开展热带农业科技创新，服务国家科技外交，为农业“走出去”提供技术支撑，提升中国热带农业科技的国际竞争力和影响力。

三、重点任务

该中心主要开展“一带一路”国家技术创新合作研究；开展“一带一路”热带农业创新合作布局研究；与科教单位和企业合作，共建境外热带农业对外合作试验站和联合研发中心；开展热带农业技术与人才培训。

第十节　中非现代热带农业联合研究中心

一、成立背景

2015 年，国家主席习近平在中非合作论坛上宣布，中方将在未来三年同非方重点实施“十大合作计划”，把中非关系提升为全面战略伙伴关系，这一举动彰显了中方对与非洲的关系的高度重视，也是中国对“一带一路”倡议更具体的演绎和预演。为服务国家“一带一路”倡议和农业科技“走出去”战略，中国热带农业科学院在前期与刚果（布）、尼日利亚、莫桑比克等非洲国家在热带农业领域有多年合作交流的工作基础上，整合有关资源，联合非洲地区热带农业科研机构和相关企业，建设“中非现代热带农业联合研究中心”，重点针对非洲国家对现代热带农业发展需求，建立联合实验室和试验示范基地攻关非洲热带农业技术关键技术，为热带农业“走出去”提供技术支撑，提升中国热带农业科技的国际竞争力和影响力。

二、重点任务

1. 建设木薯研发中心和产业示范与培训基地

① 依托中国热带农业科学院现代热带农业科技平台，加强与国际热带农业研究所（IITA）等单位合作研究，建立基因发掘、种质评价、分子检测、遗传改良技术研发平台；② 在尼日利亚、乌干达等国家建立规模化、机械化木薯种植示范基地，推广高产、高效木薯种植技术，提高当地的木薯生产水平；③ 引进高品质甜木薯全粉（非即食）清洁生产技术，提升木薯食品附加值，延长产业链，提高农户收入。

2. 建设腰果种质资源试验示范培训基地

① 以《腰果种质资源描述规范和数据标准》为标准，对合作国腰果种质资源进行生物学和农艺性状等研究，搭建种质资源信息共享平台；② 以《莫桑比克腰果病虫害》为技术支撑，与合作国开展腰果病虫害种类调查与鉴定，完善病虫害数据库，开展重要病虫害综合防治技术研究；③ 以《腰果栽培及加工》为技术指导，建立适合当地的腰果高产栽培技术体系。

3. 建设优良芒果品种展示与试验示范培训基地

① 以选育的优异芒果品种凤凰芒、红玉芒、台牙芒等品种等为主推品种，建立展示区，开展优良芒果品种筛选试种研究；② 在筛选出适合于当地品种发展的基础上，采取重剪回缩的方式改造低产、落后芒果大树，更换品种同时使树体矮化；③ 围绕芒果新品种推广的技术需求，重点对营养施肥、修剪技术和病虫害综合防控等关键技术进行集成和熟化；④ 在对技术熟化的基础上，辅以《芒果标准化栽培技术》《芒果安全生产技术指南》为技术指导，建立适合当地的芒果高产栽培技术体系。

4. 热带设施蔬菜高效生产技术示范与推广

① 针对非洲当地高温高湿的气候条件，开展优质、丰产、高抗的蔬菜品种引进、筛选，并进行配套安全高效生产技术研究；② 研究当地设施栽培条件下的光照、温度、湿度变化规律及不同蔬菜的环境调控技术，分析不同棚型和覆盖材料、覆盖方式对栽培蔬菜生育的影响，在集成品种、密度管理、整枝技术、授粉技术、施肥管理、水肥一体化技术等相关技术的基础上，构建主要蔬菜设施栽培技术方案。

5. 热带畜禽高效养殖技术示范与推广

① 依托中国热带农业科学院热带畜禽高效养殖技术，开展蛋鸡、羊等热带畜禽良种繁育及高效养殖技术研究；② 以《南方农区畜牧业实用技术系列丛书》为技术依托，推广热带畜禽养殖技术，建立可持续发展的生态养殖模式。

三、中心近年来取得的主要成果

1. 以中国—援刚果（布）农业技术示范中心为平台，加强与刚果（布）的交流合作关系

2015 年 12 月 17 日，刚果（布）驻广州总领事馆领事一行访问中国热带农业科学院，对木薯选育、栽培技术和综合利用等非常认可，并对一些特异的木薯种质

（如蛋黄木薯和水果木薯等）、木薯渣作基质的食用菌养殖产生了深厚的兴趣，希望两国之间的木薯资源和技术交流能更加深入，从而为保障刚果（布）的粮食安全和改善刚果（布）人民生活有更多帮助。2017 年 12 月 7—30 日，应刚果（布）农牧渔业部邀请，中国热带农业科学院派团访问刚果（布）执行三期培训班任务，并拜访中国驻刚果（布）大使馆经商参处参赞和刚果（布）农牧渔业部国务部长。本次培训在刚果（布）3 个不同市县 7 个不同示范点，分别举办了蛋鸡与生猪养殖技术、木薯种植技术和蔬菜种植技术培训，共 460 人受训。2018 年 5 月 8 日，由商务部主办，农业农村部对外经济合作中心承办，中国热带农业科学院和中国援刚果（布）农业技术示范中心协办的 2018 年刚果（布）畜牧产业发展海外培训班在刚果（布）奥约市开班。培训班为期 30 天，共有 7 名专家授课，讲授蛋鸡养殖和肉牛养殖相关理论知识和操作技能。培训班学员总共 100 名，主要来自刚果（布）各地的农业技术官员和养殖户代表，其中蛋鸡养殖学员 40 名，肉牛养殖学员 60 名。6 月 16 日至 7 月 5 日，中国热带农业科学院承办的“2018 年刚果（布）木薯生产与加工及热带果树种植技术海外培训班”在刚果（布）恩戈市举办，共培训学员 200 名。图 2-3 为中国热带农业科学院团组拜访刚果（布）农牧渔业部国务部长。

图 2-3　中国热带农业科学院团组拜访刚果（布）农牧渔业部国务部长

（中国热带农业科学院热带作物品种资源研究所　供图）

2. 加强与尼日利亚的合作，不断强化木薯研发中心和产业示范与培训基地建设

2016 年 3 月 12—19 日，中国热带农业科学院蔬菜专家、木薯专家、花卉专家赴尼日利亚考察“中地海外农业阿布贾高科技产业园（以下简称园区）”，专家组对产业园区进行了详细调研和实地考察，就中国热带农业科学院所在园区落地的具体项目进行了充分讨论，并为园区的产业定位、目标定位、功能分区、项目设置、基础设施构建、保障体系构建、文化体系构建、运营机制、投资规模及进度和发展建议等提出了建设性意见，同时举行了“中国热带农业科学院热带作物品资所阿布贾现代农业示范中心”的揭牌仪式，标记着中国热带农业科学院继中—刚布农业技术示范中心后，又在非洲大地上搭建了一个农业科技合作和示范推广的国际舞台和窗口。该基地建在中地海外建设集团在尼日利亚首都阿布贾市郊占地 54 公顷的中地海外农业高科技产业园。基地建成后，参与中地海外农业高科技产业园规划、设计与建设，以产业园为基地，收集和筛选尼日利亚本土化的优良热带作物品种，配套相关高产栽培技术，为中资企业提供技术服务，与尼方政府合作，培训当地官员和农户，提升当地农业生产水平。

阿布贾示范基地的四大建设规划：① 与企业紧密合作，发挥中国热带农业科学院优势，规划建设高科技产业园；② 依托高科技产业园，开展热带农业技术合作，帮助企业更好地“走出去”，助力“一带一路”建设；③ 根据项目需要，开展热带农业技术培训班，推广先进适用的热带农业技术；④ 在西非打造一个新基地，扩大中国热带农业科学院在非洲的影响，为建设中国热带农业科学院尼日利亚试验站做好前期工作。

2017 年 5 月 16 日，中国热带农业科学院专家参加了在尼日利亚首都阿布贾举行的“2017 年中尼农业现代化合作论坛”，并作热作农业科技专题报告。11 月 19—25 日，应国际热带农业研究所邀请，中国热带农业科学院组织木薯、辣椒专家前往尼日利亚，开展为期 7 天的考察和项目执行活动。考察团先后与 IITA 阿布贾试验站、尼日利亚农业委员会和尼日利亚木薯协会等官方机构进行合作交流与探讨。此次考察和合作交流，进一步了解尼日利亚木薯、辣椒生产现状、市场需求情况，特别是尼日利亚农业委员会和尼日利亚木薯协会有着迫切的合作愿望。项目的实施将进一步加快推动中国热带农业科学院科技成果在尼日利亚的推广应用，是中国热带农业科学院积极践行国家“一带一路”倡议的重要举措。

3. 建立中国热带农业科学院莫桑比克农业试验站，提高援助莫桑比克腰果产业的力度

莫桑比克是联合国宣布的世界最不发达国家和重债穷国，腰果是莫桑比克传统的出口农产品，中国热带农业科学院受国家科技部的委托，为该国腰果产业的发展提供技术支撑，帮助莫桑比克选育优良腰果品种、培训腰果种植管理技术人员。2017 年 11 月 10—22 日，热带作物品种资源研究所腰果专家组成中方技术团队赴莫桑比克执行农业部国际交流与合作项目任务——中国热带农业科学院莫桑比克农业试验站建设。在莫桑比克项目合作方莫桑比克农业科学院和莫桑比克腰果研究院的支持和配合下，中莫腰果芒果专家联合在莫桑比克楠普拉省举办了以腰果和芒果为专题的 2 期技术培训班，培训农户和农技推广人员分别为 29 人次和 30 人次。中方专家还走访了楠普拉省多个腰果和芒果农户种植园，解答农户生产中遇到的技术难题，参观了莫桑比克农业科学院东北区域研究所和莫桑比克腰果研究院的实验室和基地，参观了通过本项目科技合作平台引进的中资企业在莫桑比克开办腰果加工厂，了解了企业运营及莫桑比克腰果加工贸易情况。双方表示今后进一步加强合作，在联合开展技术培训的同时，还将通过建立示范基地和联合研究中心等形式，展示中国新品种新技术，联合开展相关热带作物科学技术研究，从而提高莫桑比克生产技术水平。

2018 年 10 月 3—17 日，热带作物品种资源研究所果树专家组成中方技术团赴莫桑比克执行“中国热带农业科学院莫桑比克农业试验站”建设任务，并与莫方专家共同为试验站揭牌，标志着中国热带农业科学院、莫桑比克农业科学院东北区域研究所、莫桑比克腰果研究所这一国际科技合作平台得到了进一步巩固。双方表示今后将进一步加强合作，通过试验站以及其他形式，展示中国新品种新技术，联合开展相关热带作物科研和技术培训以提高莫桑比克生产技术水平。其间，中莫果树专家针对当地良种良苗匮乏、高产高效栽培技术不完善以及病虫害防控措施不力等问题，分别以腰果和芒果为专题，在莫桑比克楠普拉省联合举办了两期技术培训班，为当地农户和农技推广人员讲授腰果、芒果高产栽培和病虫害防治等相关技术知识，并对学员们在学习和生产实践中的问题进行解答，受训人员达 50 多人次。中方专家还走访考察了楠普拉省多个农户种植园、莫桑比克农业科学院试验基地和种质资源圃，现场解答了农户在生产中遇到的技术难题，并与莫方专家开展了种质资源联合调查和评价。

四、中心的可持续发展思路

（1）加强与尼日利亚、刚果（布）、莫桑比克和乌干达等非洲国家科研机构的合作，以项目合作为纽带，把政府、科研部门、企业、小农户连接起来，建立可持续合作的发展模式。

（2）与尼日利亚、刚果（布）、莫桑比克和乌干达等非洲国家科研机构建立长效和稳定交流合作的机制，通过互派访问学者、联合主办/承办国际会议和培训不同层次和不同需求的人员，强化合作国家的人力资源提升行动。

（3）强化与中资企业的合作，为企业成功“走出去”提供技术和人才支撑，服务热带农业产业，为国家“一带一路”倡议提供有力保障。

第十一节　热带植物保护合作研究中心

一、成立背景

中美双方在热带农业生产、有害生物防治等诸多植保领域存在较大的相似性，特别是在绿色植保技术创新上具有较强的互补性，合作潜力巨大。为此，中国热带农业科学院环境与植物保护研究所与美国夏威夷大学热带农业与人力资源学院（CTAHR）双方经过友好协商，于2012年1月签署了科技战略合作谅解备忘录，并共建了热带植物保护合作研究中心。联合研究中心在热带作物病虫害生物防治等领域开展了实质性科技合作与交流，重点联合开展剑麻紫色卷叶病病原鉴定、瓜实蝇综合防治、昆虫不育技术、椰子织蛾生物生态学和群体遗传学、入侵害虫辐射不育和化学不育、植物线虫防治、抗病种质创制等合作研究，并取得重要研究成果。

二、功能定位

研究中心重点在科学技术联合研究、人员互访交流、国际合作人才交流与培养、交换科研材料和信息等方面开展合作。重点开展生态农业、植物病害（剑麻紫色卷叶病）、农业重要害虫的生物防治及其综合治理技术（如实蝇等）、重要生防资源的交换与研究（如天敌）等研究领域合作。研究中心设立秘书处、生态研究室、植物病理研究室、害虫生物防治研究室。

三、重点任务

1. 联合开展科学研究

成立以来，该研究中心联合开展剑麻紫色卷叶病病原鉴定、瓜实蝇综合防治、昆虫不育技术、椰子织蛾生物生态学和群体遗传学、入侵害虫辐射不育和化学不育、植物线虫防治等合作研究，取得重要研究成果。

2. 开展学术交流和人员互访

通过该研究中心成功联合举办学术交流和实现了双方科研人员互访。夏威夷大学热带农业与人力资源学院 15 人次先后来华进行植物病毒、天敌防治海南瓜实蝇、昆虫不育技术控制岛屿入侵害虫、植物线虫防治、国家自然科学基金申报等方面的学术交流，中国热带农业科学院先后派出 15 人次科研人员到 CTAHR 进行访问与交流。

3. 国际合作人才交流与培养

通过该研究中心，中国热带农业科学院先后选送两批共 24 名科研骨干前往美国夏威夷大学进行外语培训和专业学习；同时，利用国家公派高级研究学者及访问学者（含博士后）项目，选派两名科研骨干分别前往夏威夷大学热带农业与人力资源学院进行为期一年的农业昆虫与害虫防治、入侵生物学与生物防治和农药残留检测中生物传感器的应用的学习研究，有力推进了国际合作人才的交流与培养。

4. 交换科研材料和信息

通过该研究中心，中国热带农业科学院环境与植物保护研究所先后成功交换和引进了不育果实蝇生产工厂的规模化繁育、防治瓜实蝇的专用性激素和诱饵的运用技术（SPLAT）和昆虫不育技术，获得不育果实蝇繁育技术和热带果蔬采后生物减损与储运保鲜信息资料。

5. 搭建国际合作交流平台

利用农业国际交流与合作项目“提高热带植物保护合作研究中心国际交流与创新能力”经费的支持，双方分别建立了国际视频会议室，搭建国际合作交流平台，实现了双方科研人员的实时沟通和交流。

四、成果产出

中心成立以来，联合申请了农业国际交流与合作项目“提高中美热带植物保护合作研究中心国际交流与创新能力”、国家公派高级研究学者及访问学者（含博士后）项目（农业昆虫与害虫防治、入侵生物学与生物防治、农药残留检测中生物传感器的应用）、高端外国专家项目“利用2种天敌防治海南瓜实蝇的研究与应用”、海南省重点研发计划项目“基于雄性灭除技术和天敌寄生蜂的海南瓜实蝇综合防治技术合作研究”和海南省科技合作专项“昆虫不育技术控制岛屿入侵害虫合作研究”等科研项目8项，联合发表文章1篇，研究报告1份，联合研究剑麻紫色卷业病检测技术1项，引进实蝇雄性不育技术1项。

五、可持续发展思路

今后，双方将从以下方面加强合作。

一是与夏威夷大学续签科技合作谅解备忘录。利用现有国际交流平台，进一步扩大合作内涵，将合作伙伴扩张到美国夏威夷农业局和美国夏威夷太平洋农业研究中心等单位，与美国太平洋农业研究中心签署合作谅解备忘录，充实联合研究中心力量。将合作领域从植物保护扩展为生态农业与病虫害绿色防控。进一步深化植物病害（剑麻紫色卷叶病）、农业重要害虫的生物防治及其综合治理技术（如实蝇等）、重要生防资源的交换与研究（如天敌）等研究领域合作，开拓生态农业领域合作。加强在剑麻紫色卷叶病、昆虫不孕不育技术等领域的合作。

二是进一步完善合作机制，促进人员互访常态化。与夏威夷大学及其相关机构的合作应该常态化，双方应该增加不同层次人员的互访，特别是研究员和教授这一级的互访，从而能够发现双方合作的契机。另外，应该加强年轻科技人员赴夏威夷的短期科技访问，从而快速提高中国热带农业科学院科研力量和相关研究领域的快速发展。

三是合作要保持在一个较好的频度上，要有连续性；同时，要不断地深入，创造性地发展双方的合作领域和科学研究工作，不断积累、沉淀与不断开拓的工作。互通有无，优势互补。定期召开研讨会，就中短期合作意向和具体内容进行研讨和调整，创造性地发现双方感兴趣的研究方向和合作领域，使双方合作更具吸引力。

四是维护好国际交流平台设备设施，发挥中美国际合作交流平台在人员培养方面的作用，加强技术互通有无和科研材料交换，为热带农业国际合作提供人才支撑。

第十二节　热带药用植物研究与利用国际联合实验室

一、成立背景

热带药用植物研究与利用国际联合实验室成立于2009年，是在中国热带农业科学院热带生物技术研究所天然药物化学课题组的基础上，与德国杜塞尔多夫大学药学生物学与生物技术研究所联合成立的。该平台的成立旨在发挥海南省热带药用植物资源和自然环境的优势，利用热带生物技术研究所现有的热带药用植物研究方面的资源和设备等条件来打造热带药用植物研究与利用国际联合平台，实现热带药用植物的深入研究与合理利用。同时不断引进国内外专家、学者，发挥国内外人才技术优势，为海南省热带药用植物的开发利用做出贡献。

二、功能定位

热带药用植物研究与利用国际联合实验室以海南岛丰富的热带药用植物资源为研究对象，综合运用化学、药学和生物学的最新理论和实验技术，开展其活性天然产物的提取分离、生物活性与功能、结构修饰与合成等研究，以发现药物先导化合物和中间体等具有自主知识产权的研究成果，为我国创新药物的发展及热带药用植物资源的可持续利用做出贡献。该国际合作平台以：①进行科技信息、学术材料和其他认为合适的信息交流；②为热带药用植物、生物活性海洋天然产物和化学生态学等领域的联合研究创造机会；③为工作人员交流提供机会，开展学术报告和研讨会；④以联合培养研究生作为合作的目标和目的。国际联合实验室根据研究方向和内容设为“天然药物化学提取分离室”“有机合成实验室”“天然产物生物合成途径研究室”“药理研究室”“分析检测实验室”，满足各个研究方向的科研、研究生培养以及日常管理工作的需要。

三、重点任务

（1）通过联合申报国际科技合作项目对海南特色的热带药用资源和海洋生物资源中的活性成分进行研究，明确药用植物的药效物质，为海南热带药用植物的开发利用奠定了物质基础。

（2）通过国际科技合作和引智项目等成功引进德国的质谱数据库等分析技术和抗肿瘤、抗菌等药理筛选模型，全面展开活性天然产物的分离、活性筛选工作。利用质谱分析了如沉香中色酮类化合物的裂解规律，同时提高了活性成分鉴定效率。建立活性筛选模型，从龙血树、见血封喉和黄皮等植物中发现了相当一部分具有很好抗肿瘤或抗菌的活性单体化合物。

（3）联合培养人才，通过国家留学基金，七名硕士毕业生分别前往德国杜塞尔多夫大学和德国马尔堡大学攻读博士学位。

（4）积极参加和开展国际合作交流，派员参加每年一次的亚洲联系会议（Asian-Link workshop），并在会议上作学术报告。2014 年 9 月联合实验室成功举办第 8 届天然产物化学亚洲联系会议（The 8th Asian-Link Workshop on Natural Product Chemistry），邀请到了德国、马来西亚、泰国和土耳其等不同国家和地区的专家和学者进行学术交流。2017 年 10 月联合实验室与海南省科学技术协会、中国科学院上海药物研究所和海南师范大学等单位联合举办“药用植物与海洋生物资源研究与开发高峰论坛暨国际学术研讨会”。大会邀请了日本、埃塞俄比亚等国内外相关领域知名专家学者就药用植物与海洋生物资源与中药现代化方面研究的发展趋势、最新进展及热点领域与问题等作大会报告和交流探讨。

四、成果产出

获批海南省国际科技合作项目 3 项，高端外国专家项目 1 项，引进境外技术、管理人才项目 1 项。合作发表 SCI 论文 10 余篇。

五、持续发展思路

当前联合实验室运行存在以下问题。

（1）平台缺乏稳定的运行经费投入，均以不同的国际合作项目来完成相关任务，难以保证运行的稳定性。

（2）平台缺乏专门的场地空间以及专用的大型仪器设备。

（3）缺乏具备国际交流与合作能力的人才队伍和具有影响力的学术带头人，虽然通过留学、交流等培养了一部分人才，但队伍规模和实力还有待提高。

下一步工作计划。

（1）扩展合作单位、合作领域，开展多方合作。加强合作，从以天然产物活性成分分离研究为主，向药理活性研究、次生代谢产物生物合成途径研究等多元化发展，开展热带药用植物的全面研究。平台立足于基础研究，走上科研前沿，大力研究开发海南热带药用资源，并发表高水平论文。

（2）进一步联合申报国际联合项目，特别是一些国家级、省部级的重大科技合作项目。承办大型国际会议，促进学术交流，增强平台的影响力。

第十三节　先进热作材料国际研究中心

一、成立背景

中国热带农业科学院和澳大利亚迪肯大学共同组建的“先进热作材料国际研究中心”（以下简称“研究中心”）成立于2008年，是中国热带农业科学院第一个正式签订协议的国际研究中心，也是我国首次在热作加工领域建立的国际合作平台。图2-4为该中心揭牌仪式。

图2-4　先进热作材料国际研究中心揭牌仪式
（中国热带农业科学院农产品加工研究所　供图）

二、功能定位

作为中国首个在热作加工领域建立的国际合作平台，先进热作材料国际研究中心是集基础研究、技术研发、成果转化、国际交流和人才培养于一体的综合平台，主要开展高性能天然橡胶复合材料、高性能热作纤维和纤维增强材料、医用材料、新型聚合物材料等领域的基础理论研究和应用技术研发。现平台主要包含天然橡胶加工团队和农业纳米科学两个团队。

三、重点任务

近年来，依托研究中心，双方在纳米科学、生物医学，材料化学等领域开展了广泛的合作，取得了一系列科技成果。2017 年 12 月，依托平台与澳大利亚迪肯大学续签国际合作备忘录并签署共建国际联合纳米生物材料实验室。通过与迪肯大学共建国际联合实验室，加强与迪肯大学在人才培养和科学研究等方面的深入合作。双方共建国际联合纳米生物材料实验室将依托双方的资源优势，开展农业纳米投入品科学研究，实现热带农业“减肥减药”目标。

四、成果产出

截至目前，双方合作完成农业部（现农业农村部）“948”项目、国家基金项目、中央级公益性科研院所基本科研业务费等科技项目 3 项；合作申请国家发明专利 2 项，获授权 2 项；共同署名 SCI 论文 38 篇。促进双方优势资源整合的同时，提升了双方的科技软实力。研究中心先后派出 10 人次赴迪肯大学攻读博士学位或博士后研究，提升了科技人员素养；邀请了包括迪肯大学副校长在内的 10 余名澳方知名专家来华交流，为研究中心发展提供了有效建议；组织近 10 个团组、20 余人次赴迪肯大学开展短期交流访问，拓宽了科技人员视野；围绕“多孔纳米材料”“先进碳材料”“生物医学材料”等主题，共同举办 10 余次讨论式、讲座式的学术专题研讨会。在研究中心建设的基础上，积极推进研究中心管理经验交流，互派管理人员 10 余人次互访交流，提升了研究中心管理国际化水平；积极探索和创新人才培养机制，通过设立共同人才培养基金，促进双方人才培养。

五、可持续发展思路

研究中心在新的合作框架下，将重点开展农业纳米投入品、高性能复合材料、产物化学等方面的研究，力争引进并突破数项制约热作产业发展的关键技术，服务行业价值链提升。

第十四节　中国热带农业对外合作发展联盟

中国热带农业对外合作发展联盟是由中国热带作物学会和全国热带农业科技协作网牵头成立的专业联盟，由热区高等院校、科研机构、涉农企业及境外行业商会等 26 家单位共同发起，于 2018 年 10 月 24 日在 2018 年全国热带作物学术年会上揭牌成立。

联盟围绕热带农业国际科技合作创新、支撑与服务热带农业“走出去”、热带农业农村人力资源合作开发、热带农业科技人文交流四大重点任务，致力于搭建合作平台、创新合作机制、拓宽合作领域，支撑和服务我国热带农业“走出去”。

第十五节　咖啡锈病研究联合实验室

2018 年 12 月 6 日，葡萄牙里斯本大学农学院与中国热带农业科学院环境与植物保护研究所联合成立的“咖啡锈病研究联合实验室”揭牌仪式在环境与植物保护研究所举行。“咖啡锈病研究联合实验室”的建立，将促进中国热带农业科学院与里斯本大学在咖啡锈病联合研究、研究生联合培养、国际合作项目联合申报等方面开展深入交流与合作，有利于发挥双方优势，为中国咖啡乃至世界咖啡产业的发展作出贡献。

第十六节　热带作物基因组学与种质创新联合实验室

一、成立背景

依托科技部援外项目“热带作物基因组学与种质创新联合实验室”成立，该项目于2018年初启动，合作单位是巴西国家农业科学院遗传资源与生物技术研究所。联合实验室项目的主旨是，整合双方生物资源与技术力量，建立一个高端技术合作平台，完善资源精细鉴定，发展热带作物高生物积累与抗逆的系统演化理论，高效、快速解析热带作物物种群体基因组结构，进而建立基因组选择育种体系的通用平台。解决后基因组时代，分子育种技术应用于常规选择中的技术瓶颈。该技术的应用将大大提升作物遗传改良的效率，缩短育种周期，服务于双边热作产业。图2-5为中国热带农业科学院专家与国外木薯专家讨论合作事宜。

图2-5　中国热带农业科学院专家与国外木薯专家讨论合作事宜
（中国热带农业科学院热带生物技术研究所　供图）

二、功能定位

通过与南美洲对口研究机构的合作，实现资源与技术互补，利用我国在基础研究领域的技术优势，联合开展木薯、甘蔗等重要作物基因资源发掘，创建主要热带作物基因组选择育种的核心技术，提升热带作物科技水平与生产水平，完善国家热带作物基因库，为热带基础产业未来发展提供资源与技术保障。

三、重点任务

① 联合开展主要热带作物种质精细评价鉴定，挖掘重要种质资源；②研究热带作物木薯等高生物积累及抗逆性的系统演化，挖掘关键基因，研究相关代谢途径基因调节机制，发展热带作物高产抗逆理论和技术；③ 在群体水平研究木薯、甘蔗等主要育种目标性状的标记，合作完成基因型和表型数据分析，开发基因组选择育种技术。结合基因组注释信息，挖掘重要基因资源；④ 平台建设与人才培养，数据库创建与共享，种质与信息交换。

第三章

境外研发平台

第一节　中国援刚果（布）农业技术示范中心

一、成立背景

为推动中非新型战略伙伴关系发展，促进中非在更大范围、更广领域、更高层次上的合作，2006 年 11 月 4 日，国家主席胡锦涛在中非合作论坛北京峰会开幕式上庄严承诺，中国政府将采取 8 个方面的政策措施对非洲实施援助。其中，第八条指出今后 3 年内为非洲培训培养 15 000 名各类人才；向非洲派遣 100 名高级农业技术专家；在非洲建立 14 个有特色的农业技术示范中心。

为了积极响应党和国家领导人对非洲国家的承诺，服务国家科技外交战略，合理利用两个市场和两种资源，本着积极推动热带农业科技快速“走出去”的思路，在非洲搭建长期合作平台，中国热带农业科学院通过精心策划和积极申报，于 2007 年 8 月获批，承担援刚果（布）农业技术示范中心的建设任务。

成立示范中心，有利于中国热带农业科学院服务于国家总体外交，推进热带农业技术走进非洲，进一步扩大中国热带农业科学院的国际影响，也引进相关资源并培养锻炼人才。图 3-1 为中国援刚果（布）农业技术示范中心。

图 3-1　中国援刚果（布）农业技术示范中心

（中国热带农业科学院热带作物品种资源研究所　供图）

二、功能定位

示范中心旨在促进中刚双方合作与交流，提升农业技术水平、提高农产品产量和多样化、降低粮食生产成本、增加农民收入和减少贫困。建成后的示范中心具备试验研究、示范种植、养殖、产品加工、技术培训等多种功能，实现农业开发和可持续发展。

示范中心的建设内容包括：① 建设办公、培训、生产和生活设施用房；② 平整试验及生产示范田；③ 修建灌溉设施和田间道路；④ 维修高、低压电线路；⑤ 提供必要的仪器设备和农业机械。建成后可承担品种试验、技术示范、展示与推广、人才培养等多个功能。

示范中心归口管理部门为中国热带农业科学院国际合作处，责任单位为热带作物品种资源研究所，负责人为热带作物品种资源研究所成果转化处分管所领导。热带作物品种资源研究所设中刚项目办公室，设国内工作人员 1 名，挂靠成果转化处。中刚办负责示范中心的日常管理工作，执行分管所领导指示，上传下达、横向联络，完成院领导和院国际合作处安排的工作。在示范中心设基地部，设基地部主任 1 名，由中刚办管理。基地部负责做好示范中心和试验站工作，加强与中国驻刚果（布）大使馆经商参处和刚方农牧渔业部沟通。

刚方归口管理部门为刚方农牧渔业部，责任单位为农业技术示范中心办公室，责任人为农业技术示范中心主任，下设农业技术示范中心办公室，设主任 1 名、会计 1 名、技术人员 6 名。

三、重点任务

示范中心基础设施建设于 2010 年 1 月 30 日正式开工，通过一年努力，示范中心各项工程建设顺利完工，完成项目总建筑面积 5 388.77 平方米（其中新建面积 3 331.32 平方米，修缮面积 2 057.45 平方米）。2011 年示范中心通过商务部组织的项目工程竣工验收，总投资额 4 000 万元人民币。2011 年 12 月 20 日，项目工程完成对外移交，同时启动援刚果（布）农业技术示范中心技术合作项目。示范中心建筑在当时被称为布拉柴维尔标志性建筑。

示范中心技术合作期从 2012 年 1 月 1 日开始，到 2014 年 12 月 31 日结束，为期 3 年，经费为 1 375 万元。在这期间，共派出专家 15 名，开展木薯、蔬菜、玉米、蛋鸡试验种植和养殖、示范，进行了品种和技术推广，取得很好的经济效益和社会效益，为示范中心可持续发展奠定了良好基础。

1. 木薯项目

3 年时间，筛选出抗病高产品种 1 个、高抗病品种 1 个，开展木薯试验、示范、品种扩繁面积 200 多亩，其中抗病高产品种 K-265 种植 100 多亩。建立木薯种质圃，开展种质资源收集、调查，保存国内外 20 份木薯种质，为品种选育奠定了基础。完成了刚果（布）3 省农业发展项目，该项目经费由联合国发展基金委资助，共 425 万中非法郎（折合人民币约 5.3 万元）。合作期从 2013 年 6 月到 2014 年 8 月，为期 14 个月。联合国发展基金委分 3 批提供总共 7 500 株木薯组培苗，示范中心负责种植，项目结束时提供全部木薯种苗。项目的成功开展与顺利结题，表明示范中心的木薯种植技术得到了相关国际组织和刚果（布）农牧渔业部的高度肯定。图 3-2 和图 3-3 为举办木薯生产技术培训班现场。

图 3-2　举办木薯生产技术培训班

（中国热带农业科学院热带作物品种资源研究所　供图）

图 3-3　举办木薯生产技术培训班
（中国热带农业科学院热带作物品种资源研究所　供图）

2. 蔬菜和玉米项目

3 年技术合作期间，蔬菜种植用地面积 30 亩。其中，蔬菜连栋大棚 1 个，面积 2.5 亩；简易大棚 29 个，总面积 10 亩；露天用地 17.5 亩，全部实行轮作倒茬耕作制度。灌溉采用滴、喷灌，每年蔬菜种植面积约 120 亩（包括轮作面积），3 年合计 360 亩。示范中心充分利用自身设施大棚和滴喷灌技术，开展大量富有特色的种植试验和生产，形成了示范中心对外展示的亮点。由于特点鲜明、成果显著，蔬菜项目几乎每天都会迎来各地的参观者，收到了很好的社会效益和经济效益。开展甜玉米品种比较试验，参试品种有 4 个，分别为粤甜 13 号、粤甜 16 号、鲜玉糯 4 号和优珍。初步综合考评，优珍适于在刚果（布）布拉柴维尔地区种植。图 3-4 为示范中心设施蔬菜种植区一角，图 3-5 为举办蔬菜种植技术培训班，图 3-6 为举办玉米种植技术培训班。

图 3-4　示范中心设施蔬菜种植区一角

（中国热带农业科学院热带作物品种资源研究所　供图）

图 3-5　举办蔬菜种植技术培训班

（中国热带农业科学院热带作物品种资源研究所　供图）

图 3-6　玉米种植技术培训班
（中国热带农业科学院热带作物品种资源研究所　供图）

3. 大豆和牧草引种试验

大豆引种试验与大田种植比较成功。大豆是很好的倒茬作物，含有根瘤菌，可以培肥地力，自身需要肥料较少，投入产出比高。大豆是饲料的主要原材料之一，约占 25%，刚果（布）豆粕需要大量进口。因此，2014 年从国内引种了 6 个大豆品种，以 H6 大豆品种表现突出，产量达 2 205 千克 / 亩，接近国内水平，适合大面积推广。从国内引进 2 个品种牧草，包括柱花草和王草，试验种植均获得成功。图 3-7 为柱花草种植试验。

4. 畜禽养殖项目

3 年技术合作期累计购进雏鸡 7 批次，共计 14 000 多羽。高峰期，产蛋率能达到 90% 以上，经济效益良好。用蛋鸡为母本，当地土公鸡为父本，通过人工受精技术，成功得到合格的可孵化种蛋 40 枚。通过示范中心的孵化机孵化，21 天后成功孵出优质的小鸡苗 35 只，孵化率达到 87.5%。这个成果来之不易，因为孵化期间示范中心几乎每天停电，最长停电时间达 4 小时。技术合作期共购买仔猪 450 头，出栏生猪 160 头。始终保证存栏分大、中、小等批次，基本保证市场供应。图 3-8 和图 3-9 分别为蛋鸡和生猪商业化养殖情况。

图 3-7　柱花草种植试验

（中国热带农业科学院热带作物品种资源研究所　供图）

图 3-8　蛋鸡商业化养殖

（中国热带农业科学院热带作物品种资源研究所　供图）

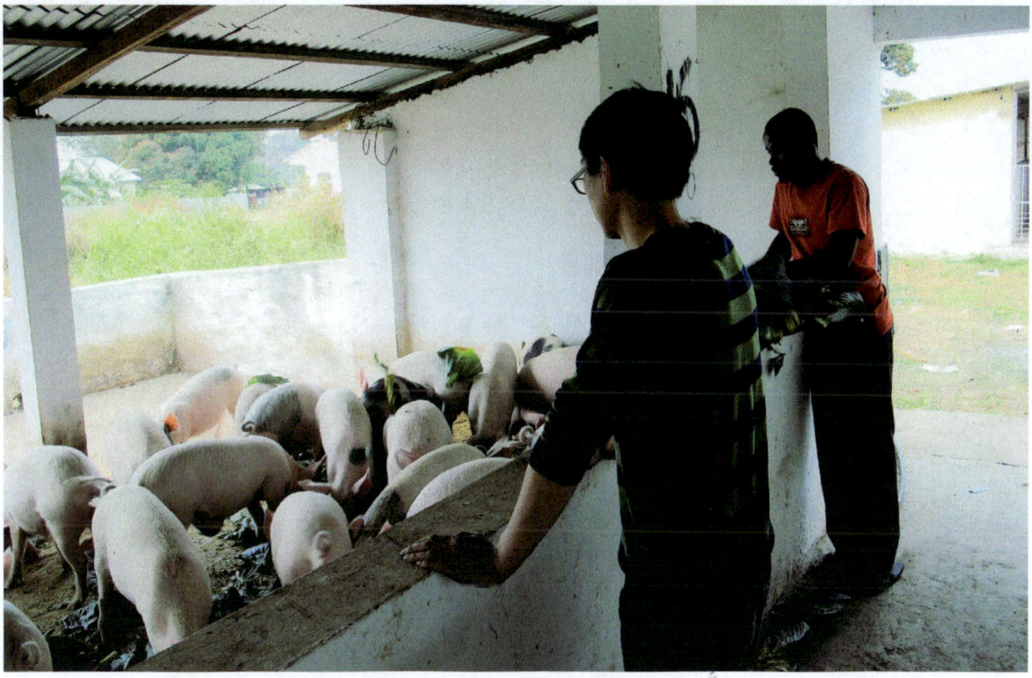

图 3-9　生猪商业化养殖

（中国热带农业科学院热带作物品种资源研究所　供图）

5. 培训项目

根据刚方农牧渔业部安排，示范中心共举办 11 期培训班（部分培训班见图 3-10、图 3-11），其中木薯 4 期、蔬菜 2 期、玉米 2 期、养殖 1 期、农业机械 2 期，培训学员 622 名，超额完成了预期目标，取得了很好的社会效益。经跟踪调查，学员在生产实践中较好地运用了所学技术，创造了良好的经济效益。刚方农牧业部领导对每期培训班都给予高度关注和大力支持，部长先生亲临每一期培训班现场主持开班或结业典礼，为培训班的成功举办倾注了大量心血。

示范中心于 2015 年 1 月 1 日进入商业化运营期，当时入驻企业 2 家，即湖南怀化鸿大禽业有限公司和天津市枫雪天商贸有限公司，分别从事蛋鸡、生猪养殖和蔬菜产业开发。由于国际原油价格下行，刚果（布）一直以来依赖原油出口型经济遭受重创，经济持续低迷，企业投资回报率低甚至亏本。热带作物品种资源研究所曾与数家企业商洽示范中心商业化运营合作，但收效甚微。目前，湖南怀化鸿大禽业有限公司仍在示范中心维持经营。为了保障示范中心公益职能可持续发展，2017 年以来，中国热带农业科学院、热带作物品种资源研究所、农业农村部外经中心通过积极申报农业农村部和商务部项目，开展了一系列卓有成效的工作。

图 3-10　2018 年刚果（布）畜牧产业发展海外培训班
（中国热带农业科学院热带作物品种资源研究所　供图）

图 3-11　2018 年刚果（布）木薯生产与加工及热带果树种植技术海外培训班
（中国热带农业科学院热带作物品种资源研究所　供图）

四、成果产出

获批商务部援外培训班等项目 5 项，总经费 400 多万元；发表研究论文 8 篇；出版《热带农业“走出去”实用技术系列丛书》1 套，共 16 册，内容涵盖木薯、蔬菜、玉米、腰果、橡胶、椰子、水稻、柱花草、香草兰、蛋鸡、肉鸡、油棕、剑麻等，丛书获 2018—2019 年度神农中华农业科技奖科学普及奖。

五、可持续发展思路

根据中刚两国《议定书》，示范中心由中国热带农业科学院运营 15 年，即从 2012 年至 2026 年。根据示范中心现状，现提出计划如下：①积极引进企业，逐步实现商业化可持续发展；②以木薯优良品种种植为基础，积极开展木薯小食品加工试验示范；③积极申报项目，以设施大棚为基地，试验种植高端蔬菜品种；④通过“一带一路”项目，逐步建设香蕉、芒果、菠萝等试验示范基地；⑤积极申报项目，以现有蛋鸡养殖基地为基础，开展蛋种鸡养殖试验，逐步解决当地鸡苗依赖进口的现状。

当前，示范中心的基础设施建设于 2011 年 3 月完工，设备于 2011 年底运抵刚果（布）。由于时间长，有些设施设备已经老化，需要修缮或淘汰。由于经费不足，困难较大。刚果（布）经济下行，工作和生活存在一定困难，外派专家难度较大。下一步建议充分利用中国热带农业科学院刚果（布）农业试验站平台，增加示范中心项目投入，鼓励更多科研人员进入示范中心开展科研工作。

第二节　中国热带农业科学院热带作物品种资源研究所阿布贾现代农业示范基地

一、成立背景

为进一步支撑中地海外农业发展有限公司在尼日利亚首都阿布贾的“中地海外农业阿布贾高科技产业园”的规划建设工作，加强中国热带农业科学院与尼日利亚政府相关政府部门、科教机构、企业和农业组织之间的农业科技国际合作与交流，2016 年 3 月，在中地海外农业发展有限公司驻尼日利亚阿布贾全资子公司西非农业绿色有限公司挂牌成立了“中国热带农业科学院热带作物品种资源研究所阿布贾现代农业示范基地”（图 3-12）。

图 3-12　阿布贾现代农业示范基地揭牌
（中国热带农业科学院热带作物品种资源研究所　供图）

二、功能定位

平台功能主要包括：① 与企业紧密合作，发挥热带农业科技资源优势，精心规划，建设高科技产业园；② 依托高科技产业园，开展热带农业技术合作，帮助企业更好地“走出去”，助力“一带一路”建设；③根据项目需要，开展热带农业技术培训班，推广先进适用的热带农业技术；④在西非打造一个新基地，扩大中国热带农业科学院在非洲的影响，为建设热带农业科学院尼日利亚试验站做好前期工作。

示范基地第一期建设一个小型木薯粉加工厂和一个辣椒新品种新技术示范基地，同时完善技术培训设施设备。示范基地主要开展技术支撑、技术培训、国际合作等工作。示范基地挂靠热带作物品种资源研究所成果转化处，项目申报和专家派遣由热带作物品种资源研究所相关职能部门负责。合作单位，即西非农业绿色有限公司负责示范基地具体事务、外方联络和技术培训前端工作。

三、重点任务

（1）举办培训班。2018年8月31日至9月6日，热带作物品种资源研究所木薯与蔬菜专家赴尼日利亚，与中地海外绿色农业西非有限公司合作，共同举办木薯加工与辣椒栽培技术培训班，培训学员100多人。培训班采用课堂授课和实践操作相结合的方式。实践课上，木薯专家现场展示了木薯年糕、木薯煎饼等木薯食品制作方法，蔬菜专家实地演示了辣椒育苗技术，学员们亲自动手，体验和学习相关技术。培训效果显著，得到了中地海外绿色农业西非有限公司和培训班学员的充分肯定，尼日利亚《卫报》《sundiate 邮报》《尼日利亚之声》等多家当地媒体对培训班进行了采访和报道，为未来课题成果转化推广奠定了良好基础。图3-13至图3-15是木薯加工与辣椒栽培技术培训班现场与结业照片。

（2）建立日产1吨木薯粉生产线1条、食用木薯高产示范基地10亩。

（3）建设辣椒新品种示范种植基地10亩，试种辣椒新品种30余个，筛选出适合当地种植的辣椒新品种5个。

（4）成果产出：依托本平台，获批海南省重点研发计划科技合作项目4项，中央级公益性科研院所基本科研业务费专项1项，项目总经费155万元。

图3-13　木薯加工与辣椒栽培技术培训班结业合影

（中国热带农业科学院热带作物品种资源研究所　供图）

图 3-14　木薯加工与辣椒栽培技术培训班课堂授课（王金辉　摄）

图 3-15　现场演示木薯食品制作方法（王金辉　摄）

四、可持续发展思路

根据合作企业与尼日利亚农业实际及示范基地现有工作基础，未来工作计划如下：① 以现有木薯粉加工设备和木薯优良品种种植为基础，引导企业积极开展木薯小食品加工试验；② 与企业合作，积极申报项目，向示范基地派出专家，进行技术指导和技术培训；③ 与企业合作在当地进行辣椒新品种及配套栽培技术示范与推广工作，向当地市场推广优质辣椒新产品。

第三节　中国热带农业科学院莫桑比克农业试验站

一、成立背景

中国热带农业科学院莫桑比克农业试验站紧密结合莫桑比克农业的实际需求，选择对于莫桑比克有需求的技术和热带作物进行合作。其中，腰果是莫桑比克重要出口创汇作物，也是莫桑比克约 150 万腰果农户的主要经济来源。为了提升腰果生产力，莫桑比克政府提出了改善腰果研究的莫桑比克农业行业发展战略计划（PEDSA），同时与腰果行业总计划（2011—2020）的目标互相呼应，把腰果纳入国家战略性作物。

试验站的建设也是基于前期中莫科技人员坚实的合作基础。2005 年和 2006 年，中国热带农业科学院与农业部农业科技推广中心合作，在海南举办了 2 期莫桑比克腰果病虫害综合防治技术培训班，培训了来自莫桑比克腰果研究院腰果技术人员 28 人，拉开了中莫腰果科技合作的序幕。为了更好地开展腰果科技合作，2005 年、2010 年、2014 年和 2019 年，中国热带农业科学院和莫桑比克腰果研究院、莫桑比克农业科学院等签订了多个科技合作协议。

在此基础上，2010—2012 年，中国热带农业科学院热带作物品种资源研究所、莫桑比克农业科学院东北区域研究所和莫桑比克腰果研究院 3 家单位合作执行了科技部对发展中国家科技援助项目“莫桑比克腰果病虫害防治技术示范”和“莫桑比克腰果抗病种质筛选及高产栽培技术示范”，取得了丰硕的合作成果。基于上述合作，2017—2019 年，在农业农村部国际合作与交流项目支持下，依托前期建立的腰果科技国际合作平台，双方开始了“中国热带农业科学院—莫桑比克农业试验站”的建设，前期主要合作研究作物包括腰果和芒果。

在过去近 20 年，中国热带农业科学院和莫桑比克科教单位开展了以腰果为主的科技合作，建立了良好的合作关系，针对腰果等热带作物开展了一系列合作研究，取得了丰富的成果，合作平台也趋于成熟。基于此，为了进一步推动双方合作，中国热带农业科学院与莫桑比克腰果研究所、莫桑比克农业科学院在 2018 年 10 月正式挂牌成立“中国热带农业科学院—莫桑比克农业试验站”（图 3-16），为进一步推动两国双方在热作科技开展合作交流奠定了坚实的基础。

图 3-16　中国热带农业科学院莫桑比克农业试验站揭牌

（中国热带农业科学院热带作物品种资源研究所　供图）

二、功能定位

莫桑比克农业试验站主要以莫桑比克北部省份楠普拉为主要合作地点，以腰果和芒果等热带作物技术合作为重点，以期建成一个集热带作物科技合作研发、技术示范、培训与推广为一体的农业试验站。依托该试验站，中国热带农业科学院将引进中国热作农业科技，与莫桑比克相关研究单位在莫桑比克进行联合研究和示范推广，研发和集成适合莫桑比克当地的热作科技，并辐射推广到非洲其他国家，促进我国与非洲热作科技合作与交流，服务我国“一带一路”倡议。开展腰果栽培技术培训相关图片见图 3-17。

图 3-17　开展腰果栽培技术培训

（中国热带农业科学院热带作物品种资源研究所　供图）

三、重点任务

（1）腰果、芒果等病虫害调查与防控：病虫害是影响莫桑比克腰果、芒果等产业的重要因素，但这些病虫害种类还未能得到准确识别鉴定，进而影响其防控。中方专家将联合莫方专家在腰果、芒果等产区开展普查，在莫桑比克腰果主产区开展腰果病虫害种类调查与鉴定，制定莫桑比克腰果病虫害名录，并依托莫桑比克本地具有的生产资料，针对重要病虫害开展综合防控技术研发。

（2）热带作物高效栽培技术研发：通过引进中方成熟的腰果、芒果等栽培技术，结合莫桑比克当地情况，从栽培品种选育、苗木繁殖、果园管理、重要病虫害综合防治等多个方面进行研发和示范推广，集成适宜莫桑比克实际需求的腰果、芒果等高效栽培技术。

（3）试验示范基地建设：依托莫桑比克楠普拉纳苏鲁玛（NASSURUMA）研究中心建立的试验示范基地，中方专家将引入腰果、芒果先进栽培技术，建立试验示范基地，推广中国技术，并为莫桑比克科技人员和农户举办技术培训班，解决莫桑比克腰果、芒果的作物生产上存在问题，促进当地热作产业发展。

四、成果产出

获批科技部对发展中国家科技援助、农业农村部农业国际交流与合作等项目3项，总经费212万元。发表“莫桑比克腰果病虫害种类及其防治”等研究论文7篇，出版专著《莫桑比克腰果病虫害》。

五、可持续发展思路

一是加强双方联系。中莫专家通过电子邮件等渠道，保持沟通，对现在合作的各项研究内容进行交流，就基地建设各项事宜进行探讨。二是执行好现有项目。依托现有农业国际交流与合作项目，继续做好腰果、芒果等试验示范基地建设，并与莫方科技人员开展科技联合研发。三是积极联合申报国际合作项目。联合莫桑比克相关科研机构开展热带作物科技研发，争取项目经费支持，促进平台可持续发展。

第四节　中国热带农业科学院柬埔寨农业试验站

一、成立背景

柬埔寨是东南亚国家联盟成员，是世界上最不发达的国家之一，工业基础薄弱，经济以农业为主。农业是柬埔寨整个国民经济的基础，但柬埔寨的农业产业还停留在种植、养殖的初级阶段，农业深加工与贸易没有规模化、现代化。2017年7月，中国热带农业科学院与香港绿领控股（柬埔寨）有限公司、环宇农业（柬埔寨）发展有限公司、福沃得（柬埔寨）农业发展有限公司、柬埔寨农业总局、柬埔寨皇家农业大学共同合作，在柬埔寨成立“中国热带农业科学院柬埔寨农业试验站”（图3-18）。农业试验站计划将中国热带农业科学院在木薯、橡胶、热带蔬菜、热带水果等研究多年的成果转移转化到柬埔寨，以提高当地热带农业产品质量和产量，实现技术转移和成果转化，提升当地热带农业种植管理技术，实际解决农场发展多样化和高产关键技术需求，促进中国热带农业科学院与柬埔寨的热带农业科技创新和农业交流与合作，扩大中国热带农业科学院在世界热区的影响力和美誉度，实现服务国家科技外交、中国热带农业“走出去”和“一带一路”倡议等战略目标。

图 3-18　中国热带农业科学院柬埔寨农业试验站
（中国热带农业科学院热带作物品种资源研究所　供图）

二、功能定位

为深入贯彻落实习近平总书记提出的关于“一带一路”建设的战略构想及李克强总理提出加快建设木薯燃料乙醇项目的绿色能源发展布局，充分发挥中国热带农业科学院智力优势，依托中国热带农业科学院和国家木薯产业技术体系，整合资源，形成以木薯科技为主，橡胶、香蕉、胡椒科技等为辅的“走出去”合作平台，与柬埔寨农业总局、柬埔寨皇家农业大学及中国驻柬涉农木薯、橡胶、香蕉、热带果树（芒果）、胡椒等种植和加工企业，因地制宜建设中国热带农业科学院柬埔寨农业试验站，支撑我国企业在柬投资开发种植木薯等热带经济作物，提高我国和柬埔寨的热带农业科技创新能力，建立热带农业新技术的转移、培训和示范推广体系，提高柬埔寨的热带作物生产与加工能力，促进柬埔寨热带作物产业发展和农业增效农民增收，促进木薯生物能源产业跨越性发展，为我国生物能源提供外向型原料基地。开展对柬埔寨木薯、橡胶、香蕉、芒果、胡椒、火龙果等热带经济作物生产和贸易现状的研究，了解其对新品种及高效栽培关键配套的技术需求，做好相应的技术储备。实现以技术为先导，项目为载体，互助互利，发展双赢的中—柬农业合作平台。

三、重点任务

1. 建立高产高淀粉和抗花叶病的木薯选育种基地

依托柬埔寨农业总局、柬埔寨皇家农业大学、中—柬农业促进中心、中国驻柬农业企业和中国热带农业科学院等政府机关、科教单位和生产企业，通过与国际热带农业研究所（IITA）、国际热带农业中心（CIAT）、联合国开发计划署（UNDP）等国际组织的合作，建立木薯基因发掘、分子标记扶助育种和转基因育种等方面的技术合作研发平台，建立高效的种质评价、分子检测、遗传改良和品种示范推广技术体系，为柬埔寨木薯的商业化集约化生产提供技术保障，也为我国木薯科技发展提供动力。图 3-19 为中国热带农业科学院专家同柬埔寨农业总局交流。

图 3-19　中国热带农业科学院专家同柬埔寨农业总局交流
（中国热带农业科学院热带作物品种资源研究所　供图）

2. 建立木薯全程机械化种植技术示范和培训基地

通过中国热带农业科学院的品种资源研究所和农业机械研究所合作，形成农机农艺无缝对接技术，在香港绿领控股（柬埔寨）有限公司、环宇农业（柬埔寨）发展有限公司的木薯种植农场，建立规模化、机械化和商业化木薯种植示范基地，将我国的木薯栽培技术与柬埔寨的木薯种植与收获机械相结合，实施品种更新等一系列生产管理技术措施，建立规范的种植模式。将示范农场作为培训基地，传播推广高产、高效木薯种植技术，提高柬埔寨的木薯生产水平。图 3-20 为展示中国热带农业科学院农机所木薯种植收获机。

图 3-20　展示中国热带农业科学院农机所木薯种植收获机

（中国热带农业科学院热带作物品种资源研究所　供图）

3. 建立木薯淀粉、燃料乙醇加工及绿色生产技术示范

引进我国的淀粉加工和燃料乙醇技术，在香港绿领控股（柬埔寨）有限公司的木薯种植示范农场建立木薯加工企业，改进工艺，提高生产率，并配套环境治理技术，打造高效安全的示范企业。建立整个木薯产业链循环运转模式，涵盖品种、种

植技术和加工工艺，达到培训技术人才，实现技术转移，使其产品服务中国木薯燃料乙醇市场的目标。

四、成果产出

1. 挂牌成立“中国热带农业科学院柬埔寨农业试验站”

与柬埔寨环宇农业发展有限公司合作，共同挂牌和建设“中国热带农业科学院柬埔寨试验站”，在柬埔寨搭建起热带农业科技合作和科技示范推广的重要平台和展示窗口。

2. 与柬埔寨农业教育与研究机构达成重要合作协议

中国热带农业科学院联合海南大学和海南外国语职业学院，与柬埔寨皇家农业大学、柬埔寨波雷烈国立农业学院签署了校际合作及师生交流与互访协议，在教学、科研合作、人才培养、援外培训、设立奖学金等方面加强合作。

3. 与福沃得（柬埔寨）农业发展有限公司签署战略合作协议

福沃得（柬埔寨）农业发展有限公司希望加强与中国热带农业科学院合作（图 3-21），推广一批高产品种，帮助广大农民提高种植技术。双方就利用柬埔寨

图 3-21　中国热带农业科学院热带作物品种资源研究所同福沃得（柬埔寨）农业公司签署战略合作协议

（中国热带农业科学院热带作物品种资源研究所　供图）

气候优势，种植木薯、热带水果、蔬菜、花生等热带经济作物，建立高标准示范基地，培训柬埔寨农民等合作内容达成一致。图 3-21 为中国热带农业科学院热带作物品种资源研究所同福沃得（柬埔寨）农业发展有限公司签署战略合作协议。

4. 开展技术合作交流和培训

中国热带农业科学院专家在柬埔寨，就木薯种苗的选择、栽培方式、种植规格、病虫害防治、田间管理等技术进行现场操作和演示，向学生及技术人员指导了橡胶树电动采胶、葡萄修剪及火龙果疏蕾等技术，培训技术人员 20 人次。具体为：在福沃得（柬埔寨）农业发展有限公司基地开展木薯、葡萄栽培技术实训，在柬埔寨西哈莫尼学校培训学生种植木薯及火龙果，在柬埔寨环宇农业发展有限公司火龙果及橡胶基地实训技术人员火龙果种植及割胶技术，在福地及绿洲农业公司香蕉基地进行调研及技术指导。图 3-22 至图 3-24 为交流合作与培训相关照片。

图 3-22　中国热带农业科学院专家赴柬埔寨执行木薯、橡胶良种繁育及高效栽培技术示范项目

（中国热带农业科学院热带作物品种资源研究所　供图）

图 3-23　中国热带农业科学院木薯专家欧文军博士开展木薯高效栽培技术培训
（中国热带农业科学院热带作物品种资源研究所　供图）

图 3-24　柬埔寨农业大学学生在试验站参加培训
（中国热带农业科学院热带作物品种资源研究所　供图）

五、可持续发展思路

目前，柬埔寨木薯花叶病危害严重，试验站基地周边柬埔寨老百姓及种植企业种植的木薯，发生花叶病危害都很严重，导致木薯产量下降，许多木薯试验无法开展。试验站管理工作及试验安排开展困难，每年出访柬埔寨时间短、人员少，工作安排紧凑，国内专家仅能短期出国指导工作，平时试验站工人少，沟通不方便，安排的工作不易开展。

针对目前木薯花叶病为害现状，在试验站先试种中国热带农业科学院选育的抗花叶病品种，同时加大抗木薯花叶病资源和品种的引进，利用木薯脱毒技术，建立商业价值较高的良种良苗繁育基地。进一步推进与福沃得（柬埔寨）农业发展有限公司合作协议内容相关工作，尽快建立木薯、热带水果、蔬菜、花生等热带经济作物的高标准种植示范基地，同时培训柬埔寨农民。与香港绿领控股（柬埔寨）有限公司等开展深度合作，建立规模化、机械化和商业化木薯种植示范基地，将我国的木薯栽培技术与柬埔寨的木薯种植与收获机械相结合，实施品种更新等一系列生产管理技术措施，建立规范的种植模式。利用示范农场作为培训基地，传播推广高产、高效木薯种植技术，提高柬埔寨的木薯生产水平。开展木薯、橡胶、香蕉等热带作物新品种新技术试验示范与推广。

试验站下一步将继续加强与在柬农业企业的合作，以在柬农业企业的技术需求为切入点和出发点，为企业解决技术瓶颈提供信息和技术支持。加强与柬埔寨农业总局合作，建立长效的合作机制。通过共同申报国际合作项目，举办农业培训班，共同培养科技人才等举措，继续强化与柬埔寨在木薯、橡胶、热带水果等领域的合作与交流。

第五节　中国热带农业科学院印度尼西亚农业试验站

一、成立背景

中国热带农业科学院印度尼西亚农业试验站成立于 2018 年 7 月，合作单位为天津聚龙集团，依托单位为中国热带农业科学院椰子研究所。印度尼西亚是东盟创立国之一，也是东南亚最大经济体及20国集团成员国，热带农业发展潜力巨大。印度尼西亚试验站对于促进双方热带农业交流具有重要意义。图3-25为中国热带农业科学院印度尼西亚农业试验站揭牌仪式。

图3-25 中国热带农业科学院印度尼西亚农业试验站揭牌仪式
（中国热带农业科学院椰子研究所 供图）

二、功能定位

结合印度尼西亚热带农业特点及其优势产业，立足我国热带农业布局，兼顾合作单位发展需求，联合印度尼西亚本土科研机构，整合国内外相关优势资源，重点开展油棕、椰子等热带油料产业技术试验与示范，为热带农业科技创新和成果转化提供平台。

三、重点任务

（1）新品种引种试种。通过国际交流与合作，引进全球主产区的主栽品种和主要研发机构选育的新品种；通过新品种试种，筛选适合不同需求的优良品种，为种植园投资提供品种信息与咨询服务。

（2）优质种苗繁育。逐步建立完善制种园和苗圃，做好优良品种种苗繁育技术储备，为种植园拓展与更新提供优质种苗。图 3-26 为中国热带农业科学院印度尼西亚农业试验站种苗繁育交流。

图 3-26　中国热带农业科学院印度尼西亚农业试验站种苗繁育交流
（中国热带农业科学院椰子研究所　供图）

（3）高效栽培管理。分析土壤及树体营养，试验专用肥及其高效利用技术、重大病虫害防治技术等，为种植园高效生产提供技术支撑。

（4）林下资源综合利用。筛选适宜的种养结合模式，发展循环农业，提高投资收益；增加当地居民就业和食物来源，提升企业形象。

（5）智能机械化采收与运输。通过简易机械采果刀、智能采收装备、轨道式和索道式运输系统的试验与示范，筛选实用的机械化模式，解决劳动力日益短缺的产业发展瓶颈问题。

（6）技术示范与成果转化。以试验站为中心，逐步向印度尼西亚和其他东南亚国家进行示范推广，带动我国相关人员、技术、产品和服务“走出去”。

同时，对印度尼西亚试验站油棕园的气候、土壤和种植管理情况进行了调研，开展了油棕水肥高效栽培技术和病虫害综合防控技术示范与培训，培训学员 20 余人，取得了良好成效。另外，在智能机械化采收与运输研究方面，已对接南京农业机械化研究所、中国农业机械化科学研究院等单位的有关专家团队开展了前期调研与产品试制研发。

四、可持续发展思路

目前，试验站缺乏稳定经费支持，运行机制不明确，与境外的有效沟通不足，相关工作进展缓慢。下一步将尽快建立并完善试验站运行机制，推动相关工作有序开展。兼顾合作各方发展需求，充分发挥试验站的试验与示范作用，通过价值体现促进其可持续发展。

第六节　中国热带农业科学院老挝农业试验站

一、成立背景

为服务国家天然橡胶产业“走出去”和“一带一路”倡议，充分利用中国热带农业科学院在橡胶等热带作物领域科研、人才、技术、项目等方面的领先优势，发挥老挝云橡投资有限公司在老挝广泛的市场资源优势，2018 年 9 月 26 日，中国热带农业科学院橡胶研究所与老挝云橡投资有限公司友好协商，一致同意依托老挝橡胶研究院共建中国热带农业科学院老挝热带农业试验站。试验站的建立对加快中国热带农业科学院先进的科研成果及先进经验在老挝的转化应用、提升中国热带农业科学院国际合作创新能力和国际影响力、加快老挝产业升级和经济发展等具有重要作用。

二、功能定位

试验站将建成一个集农林业科技研发、技术示范、培训与推广于一体的可持续发展的热带农业合作平台，促进我国与老挝农业交流与合作。

三、重点任务

（1）天然橡胶产业先进技术在老挝的引进转化。依托中国热带农业科学院在天然橡胶方面的技术力量和国际交流合作体系，利用云橡在老挝的资源和管理优势，开展橡胶新品种和新型种苗的试种，重点引进割胶、病虫害防治、橡胶加工、资源高效利用（木材）等先进生产技术和经验，经区域适应性试验和应用示范，加快企业的产业技术升级和经济发展；实现良种良苗和先进技术在老挝的推广普及，促进老挝橡胶产业的跨越发展。

（2）合作推动老挝橡胶质量检测和技术标准体系建设。依托中国热带农业科学院在橡胶质量检测和技术标准体系建设积累的先进技术和先行经验，利用老挝橡胶研究院平台优势，双方通过合作研制，共享标准转化等方式，推动老挝橡胶质量检测和技术标准体系建设。

（3）联合参与国际合作项目申报。建立良好的沟通和协调机制，做到信息共享，多渠道申报各类国际合作项目，推动双方国际型人才队伍建设，提升科技创新能力和技术研发能力。

（4）开展农业科技决策和咨询服务。双方加强农业科技信息交流与服务，就合作过程中具体项目发展战略、资源开发利用等相关重大问题开展战略研究和咨询活动，参与项目农业规划发展研究和实施提供咨询建议。

（5）加强科技人员交流培训。双方积极争取国际培训资源，通过不定期互访、互派学员和专家、远程培训等方式，推动双方技术交流。

第七节　中国热带农业科学院菲律宾农业试验站

一、成立背景

菲律宾是世界上对菠萝叶纤维开发利用最早的国家之一，主要依靠手工提取纤维，取纤效率低，但纤维含杂少，细度和柔软度均较好，制成的礼服、衬衫很有特色，受到消费者的青睐，开发的手工纺织旅游产品闻名于世。如“巴龙衫”，是菲律宾的高档礼服，由菠萝叶纤维和香蕉茎秆纤维手工编织制成。我国菠萝叶纤维纺织开发利用技术日趋成熟，但在推广过程中面临劳动力供应日益紧张的问题，从而导致纤维原料价格不断上涨。菲律宾的雇工价格成本相对较低，且劳动力文化水平和能力相对较高，广泛使用英语。中菲双方在热带纤维开发方面具有一定的互补性，如我方在纤维提取加工设备、纤维纺织品工业化开发等方面有一定的科技优势，而菲方则在劳动力成本、传统手工加工及其产品制作技术、产品国内外市场知名度等方面有较好的产业优势。2018 年 7 月 2—6 日，应菲律宾原住民合作社的邀请，中国热带农业科学院派出团组对菲律宾进行了为期 5 天的菠萝叶综合利用技术考察交流，与菲律宾原住民合作社建立了中国热带农业科学院菲律宾农业试验站，并举行揭牌仪式（图 3-27），双方签订了战略合作协议（图 3-28），初步达成了在纤维提取技术和纺织技术开展合作研究的意向。

图 3-27　中国热带农业科学院菲律宾农业试验站揭牌现场
（中国热带农业科学院农业机械研究所　供图）

图 3-28　双方签订战略合作协议

（中国热带农业科学院农业机械研究所　供图）

二、功能定位

试验站作为中国热带农业科学院在菲律宾展示中国热带农业品种与技术的窗口和助推中国企业走出去的支撑点，开展热带作物生产与加工等联合研究与示范，重点开展菠萝叶纤维提取技术和纺织技术合作研究。

三、重点任务

依靠农业试验站，对菲律宾当地菠萝种植产业进行扶持，派遣中国热带农业科学院专家前往菲律宾，对当地农民进行培训，实地指导菠萝叶纤维提取技术，推广菠萝叶综合利用技术。

四、成果产出

合作双方就菠萝叶综合利用方面签订战略合作协议，建立了农业试验站，在当地推广菠萝叶综合利用技术。菠萝叶综合利用技术试点面积 6 万亩，提取纤维 3 吨，纤维提取率达 45%，含杂率 4.5%，为我国企业在东南亚建立菠萝叶纤维生产基地，大规模开发菠萝叶纤维产品。通过菠萝叶综合利用，增加当地菠萝种植效益和农民收入，改善农村的生态生活环境。

五、可持续发展思路

目前，试验站尚存在经费缺乏以及出国交流时间较短，不能有效地将相关技术进行详细介绍推广，不能及时有效地将最新的技术进行推广应用等问题。

菲律宾在热带纤维开发方面已形成了一个包括研发、推广、生产、销售等环节的较完整产业体系，各个环节之间配合协调，生产的产品在国际上已有一定的声誉，这一点值得我们借鉴学习。中国热带农业科学院近年来与有关大学和纺织企业合作，研发出多款菠萝叶纤维功能性纺织产品，已经面向市场，解决了整个产业链上存在的诸多技术和工艺问题。双方在科研开发、技术推广和培训等方面，可以开展长期深入合作。

第八节　中国（海南）—柬埔寨胡椒标准化栽培示范基地

一、成立背景

柬埔寨属于典型热带国家，全年平均气温 21 ～ 35℃，气候条件非常适宜胡椒生长，且耕地资源丰富，但是由于当地农民种植管理水平较低，胡椒实际产量还不到其潜力的 50%。为加强“一带一路”国家农业科技合作，2018 年以来，中国热带农业科学院香料饮料研究所先后两次派专家赴柬埔寨开展科研考察，并与当地农业部门展开充分交流。

中国热带农业科学院专家经调研发现，柬埔寨胡椒产业技术基础弱、标准化程度低、生产效率不高，主要表现在：品种无认定通用名称，良种化程度低；无种苗标准和繁育技术规程，壮苗率低；园区设置不合理，雨季易导致水害和瘟病；定植后疏于管理，难以形成高产树形，不注重土壤保育；加工技术较为落后，仍以农户小作坊晾晒式加工为主，影响产品质量；产品以黑胡椒为主，种类单一，竞争力不强。

长期以来胡椒属于“小宗作物”，柬埔寨没有专门研究机构开展系统研究，技术积累不足，民间生产技术多通过口口相传。近年来，随着中国、越南和法国等国胡椒企业的加入，当地农民的生产技术有所提升，种植面积也从数千公顷发展至目前的1.7万公顷，但力度有限，不足以支撑柬埔寨胡椒产业快速发展。为加快农业产业结构转型，柬埔寨政府提出了“四角战略”，第一角即为通过农业多元化以提高农业生产力，为胡椒等高经济效益热带作物产业发展带来了机遇，政府也积极推动胡椒对华出口工作。这都为中资企业“走出去”提供良好的发展机遇。

为更好地在柬埔寨开展胡椒栽培技术研究与示范，促进中国热带农业走出去，在海南省科技厅重点研发计划科技合作项目支持下，中国热带农业科学院香料饮料研究所与绿洲农业发展（柬埔寨）有限公司合作，在柬埔寨共同建立了中国（海南）—柬埔寨胡椒标准化栽培示范基地。2019年6月，中国（海南）—柬埔寨胡椒标准化栽培示范基地在位于柬埔寨桔井省的绿洲农业发展（柬埔寨）有限公司正式揭牌。此次示范基地的建立，为今后深入双方合作奠定了坚实的平台基础。

二、重点任务

绿洲农业（柬埔寨）有限公司建设的“柬—中热带生态农业合作示范区”是中国农业农村部认定的首批境外农业合作示范区建设试点之一，中国热带农业科学院香料饮料研究所作为示范区内“柬—中胡椒产业园”的技术支撑单位，已合作开展了胡椒良种繁育、高效栽培及主要病害防控等技术研发与示范。2019年6月，举办了“胡椒种植与初加工技术”培训班，为绿洲农业（柬埔寨）有限公司技术人员和周边地区种植户90多人提供胡椒种苗培育、高效栽培和病害防控等技术培训。2020年4月，中国热带农业科学院香料饮料研究所与绿洲农业发展（柬埔寨）有限公司签订“土地合作使用协议书”，绿洲公司将其在柬埔寨桔井省的200亩土地无偿提供给该所开展热带作物生产技术研发及示范等活动。

三、可持续发展思路

中国热带农业科学院香料饮料研究所将持续指导绿洲公司在当地建立生产、加工、产品体验与消费一体化示范区，为柬埔寨胡椒产业发展提供长期技术支持。同时，利用该基地加大与柬埔寨农业科教部门合作，为当地政府提供产业咨询与规划，组织开展胡椒生产管理技术培训等，通过资源共享，科技支撑柬埔寨胡椒产业健康发展，以实际行动践行“一带一路”倡议。

第九节　现代热带农业机械联合创新中心

一、成立背景

中国热带农业科学院农业机械研究所一直致力于甘蔗叶粉碎还田设备与技术研究。2017 年 7 月，三林万业（上海）企业集团有限公司在我国经过约 1 个多月的咨询和查找，从中国热带农业科学院农业机械研究所购置 2 台甘蔗叶粉碎还田机至印度尼西亚三林集团（SALIM GROUP）公司应用。之后，印度尼西亚三林集团（SALIM GROUP）公司回购了 6 台甘蔗叶粉碎还田机，PT. Fajar Group Corpora 公司又先后购买了 10 台甘蔗叶粉碎还田机。2018 年 8 月，受 PT. Fajar Group Corpora 公司邀请，中国热带农业科学院农业机械研究所技术人员到印度尼西亚开展甘蔗、天然橡胶和木薯等热带作物生产机械化技术与装备交流及需求调研，对出口的相关设备进行现场演示和培训，并与法贾尔集团（PT. Fajar Group Corpora）签订了框架合作协议，共同建立了“甘蔗生产机械化示范基地”和“农业机械推广中心”，共同建设中国—印尼现代热带农业机械联合创新中心。图 3-29 和图 3-30 为农业机械推广中心和甘蔗生产机械化示范基地揭牌。

联合创新中心通过在印度尼西亚开展甘蔗、木薯、橡胶生产机械化的应用与示范，探索农机农艺融合的新工艺，推广适宜印度尼西亚应用的机械化生产技术与设备，为甘蔗、木薯、橡胶产业的健康发展提供技术支撑。培训高水平农民和农业机械化专业技术人才，助推印度尼西亚甘蔗、木薯、橡胶生产机械化发展。同时，促进印度尼西亚甘蔗、橡胶、木薯等作物增产增收，提升农业机械化水平，搭建我热

图 3-29　农业机械推广中心揭牌仪式
（中国热带农业科学院农业机械研究所　供图）

图 3-30　甘蔗生产机械化示范基地揭牌
（中国热带农业科学院农业机械研究所　供图）

带国农业机械在印度尼西亚试验推广的平台，推动热带农业机械“走出去”，进一步扩大我国热带农业机械在国际市场的影响力。

二、功能定位

联合创新中心立足热作产业，结合热带作物生产机械化需求导向，依托现有研发的热带农业装备技术成果，在印度尼西亚开展甘蔗、木薯、橡胶生产机械化的应用与示范，探索农机农艺融合的新工艺。与合作单位共同探讨，不断优化改进和更新热作农机装备，推广适宜印度尼西亚应用的机械化生产技术与设备，为甘蔗、木薯、橡胶产业的健康发展提供技术支撑。结合技术培训，提高农民和农业机械化专业技术人才业务水平，助推印尼甘蔗、木薯、橡胶生产机械化发展。同时，扩大热作装备应用对象和范围，逐步向东南亚国家市场应用，打造以科研、示范、销售联合的热带农业装备创新科技中心。

中心内设综合业务、科研、技术推广 3 个部门。综合业务部门主要负责国内与印度尼西亚的合作单位中心日常业务，如技术资料接收与传送、业务合同审核与签订、装备进出口处理等。科研部门主要负责甘蔗、木薯、橡胶等热作机具研发、改进和优化。技术推广部门负责技术示范应用、国内外市场拓展。

三、重点任务

1. 服务企业“走出去”

研发的热作机械产品已在印度尼西亚三林集团（SALIM GROUP）、法贾尔集团（PT. Fajar Group Corpora）等企业开展应用，近两年累计热作机械产品“走出去”共 60 余台（套）。

2. 促进人员交流互访

为促进热作农机装备的推广应用，加强合作，印尼方与中心技术人员积极开展了广泛的交流。2018 年 5 月，PT. Fajar Group Corpora 公司一行 2 人到中心依托单位考察相关热作机械产品研发情况。8 月，中心依托单位科技人员一行 6 人到印尼 PT. Fajar Group Corpora 等公司进行实地考察和调研，并在印尼泗水建立了“甘蔗生产机械化示范基地”和“农业机械推广中心”。

3. 合作框架协议签署

中心依托单位农业机械研究所与 PT. Fajar Group Corpora 公司签订了合作协议，

图 3-31　甘蔗生产机械化技术交流
（中国热带农业科学院农业机械研究所　供图）

图 3-32　甘蔗叶粉碎还田机改进优化交流
（中国热带农业科学院农业机械研究所　供图）

在科技联合攻关、科技成果转化、技术应用示范等方面进行全方位合作，为甘蔗、天然橡胶和木薯等热带作物生产机械化技术与装备在印度尼西亚示范应用打下了坚实基础。与 PT. Fajar Group Corpora 公司签署了项目合作申报协议，联合申报中国—印度尼西亚甘蔗智能化管理机械技术转移示范基地建设和“互联网 +”高效甘蔗保护性耕作设备在印度尼西亚示范与应用等项目。

四、成果产出

依托联合创新中心，梳理集成“走出去”技术。甘蔗粉碎还田综合技术以保护蔗田生态和有效利用蔗叶为目的，通过创新设计集叶器、有限角度转向地轮、L 型甩刀等关键部件，研发 1GYF 系列甘蔗叶粉碎还田机捡拾率和粉碎率均达 92% 以上。在印度尼西亚等东南亚国家开展甘蔗叶还田综合技术试验推广和创新集成，改善土壤物理性状和肥力及减少焚烧带来的环境污染，构建特色甘蔗叶粉碎还田综合技术体系。累计完成装备 28 台（套），收入约 50 万元。建立了“甘蔗生产机械化示范基地”和“农业机械推广中心”。

五、可持续发展思路

中国热带农业科学院农业机械研究所近年来虽与东南亚、非洲等国家有一些联系和接触，但业务上真正密切往来的主要集中在近两年，最主要的原因是科技成果产出不够成熟和国际项目经费缺乏。随着国际合作业务往来的增多以及科技产品的不断优化和改进，以上主要影响国际合作发展原因初步可以得到解决。

下一步将依托联合创新中心，继续加强与三林集团（SALIM GROUP）、法贾尔集团（PT. Fajar Group Corpora）等企业之间的往来，加强农业科技交流与人才培训合作，不断将甘蔗、天然橡胶、木薯等热带作物生产机械化以及相关热作初加工技术装备输送至东南亚乃至于非洲国家示范推广应用，进一步加快成果转化，增强国际影响力。

第十节　中国—马尔代夫椰子害虫生物防治联合实验室

一、成立背景

1999年，棕榈植物害虫椰心叶甲（Brontispa longissima）入侵马尔代夫，对其国树“椰子”造成极大为害，严重影响了椰农收入，威胁着马尔代夫热带海岛的生态系统，持续控制椰心叶甲迫在眉睫，急需援助。2012年8月22—29日，马尔代夫渔业和农业部项目协调员哈米德·易卜拉欣·福胡、植物保护官员默罕默德·阿尼斯、助理农业官员宰凯里亚·易卜拉欣一行在国家林业局造林司总工程师吴坚、中国科学院研究员孙江华、海南省森林资源监测中心主任王东明等陪同下，到中国热带农业科学院环境与植物保护研究所学习交流椰心叶甲防治技术。中国热带农业科学院环境与植物保护研究所成果“利用寄生蜂防治重大入侵害虫椰心叶甲的研究与应用”在2010年获得海南省科技进步奖特等奖，该技术具有国际领先水平。哈米德·易卜拉欣·福胡一行对该成果表现出了浓厚兴趣。会后，哈米德·易卜拉欣·福胡一行在彭正强研究员的陪同下参观了环境与植物保护研究所椰心叶甲寄生蜂防治现场及洋浦经济开发区绿僵菌及挂药包防治现场，考察学习防治技术。最后，双方就重大入侵害虫椰心叶甲防治进行了积极深入的探讨，达成进一步合作共识，对方希望与中方签订技术合作协议，在马尔代夫建设椰子害虫联合研究中心及重大入侵害虫椰心叶甲天敌寄生蜂繁育场，派专家指导和培训。由此，“中国—马尔代夫椰子害虫生物防治联合试验室”具备了成立条件。

随即，环境与植物保护研究所彭正强研究员着手中方合作队伍构建和该平台的成立与建设，并在国家林业局大力支持、积极推荐下，获批了对发展中国家科技援助项目“中国—马尔代夫椰子害虫防治联合研究中心（KY201301025）”，其实施期限从2013年12月至2016年12月，项目经费150万元。经过2年时间的建设，在马尔代夫建成了：① 椰子害虫防治联合研究中心实验室；② 天敌快速扩繁室；③采购了相关设备、器材与试剂，并分批次运往马方。

2015年5月1—10日，环境与植物保护研究所金启安实验师安装与调试设备，建立椰子害虫实验室与天敌寄生蜂快速扩繁室，培训天敌快速扩繁技术员与技术工人。2015 年 5 月 18 日，实验室正式运行。中方大使王福康及马方海洋渔业农林部沙尼部长出席启动仪式，金启安代表项目组中方人员参加。仪式上，王福康大使在致辞中表示，近年来中马两国在包括农业等领域的合作不断深化和发展，中国是农业大国，在使用天敌防治害虫方面的技术走在世界前列。中国不仅愿意和包括马尔代夫在内的周边邻国分享经济发展成果，也愿意在农业技术领域开展合作。希望通过中国专家来马尔代夫教授相关养殖技术，为马尔代夫椰树病虫害防治和环境保护作出贡献，造福马尔代夫人民。马方沙尼表示，该项目对马尔代夫的意义重大，将极大促进马尔代夫的农业发展和生态保护，感谢中国政府对马方经济社会发展长期以来的无私援助和支持，愿今后进一步加强两国在农业领域的合作与交流。随后，王福康大使和沙尼部长共同为该项目正式启动剪彩并参观了养殖实验室（图 3-33）。

图 3-33　王福康大使与沙尼部长共同出席剪彩仪式

（中国热带农业科学院环境与植物保护研究所　供图）

中国—马尔代夫椰子害虫生物防治联合试验室是基于马尔代夫国内实际需求以及中方技术输出意愿的基础上而建立的。合作单位包括中国热带农业科学院环境与植物保护研究所（中方）和马尔代夫渔业与农业部（马方）。本平台成立以来，多次出访马尔代夫，并在当地进行椰心叶甲绿色防控技术宣传和示范。联合试验室运行 3 年来，马方防治示范区的椰心叶甲已得到控制，取得了较好的防治效果。

二、功能定位

联合试验室的合作领域和研究范畴主要包括：①棕榈植物害虫的天敌资源收集与应用研究；②重大外来入侵害虫椰心叶甲绿色防控技术的示范与推广。在马尔代夫推广我国椰心叶甲绿色防治技术，促进双方人员往来和学术研究交流。目前尚未设置试验室内设部门。

三、重点任务

联合试验室自成立以来，重点开展了“利用寄生蜂防治重大入侵害虫椰心叶甲的研究与应用”“椰甲清淋溶性粉剂挂袋法防治椰心叶甲的研究与产业化”“绿僵菌生物杀虫剂研究及推广应用”等技术成果在马尔代夫的推广和应用与示范。向马尔代夫输出椰甲截脉姬小蜂、椰心叶甲啮小蜂等天敌、绿僵菌制剂、椰甲清药包等产品，以及椰心叶甲综合治理技术体系。在马尔代夫培训科研技术人员、天敌快速繁育工人与椰农，调查椰心叶甲在马尔代夫的分布、为害和扩散情况，开展示范、推广与应用。先后执行了对发展中国家科技援助项目“中国—马尔代夫椰子害虫防治联合研究中心”和农业国际交流与合作项目——椰子害虫生物防治技术展示。图 3-34 至图 3-37 为中国热带农业科学院专家与马尔代夫人员开展交流与培训。

图 3-34　中国热带农业科学院环境与植物保护研究所专家现场示范天敌寄生蜂释放技术
（中国热带农业科学院环境与植物保护研究所　供图）

图 3-35　中国热带农业科学院环境与植物保护研究所专家为马方当地技术人员、居民、学生进行培训
（中国热带农业科学院环境与植物保护研究所　供图）

图 3-36　中国热带农业科学院环境与植物保护研究所专家指导马方人员分离椰心叶甲
（中国热带农业科学院环境与植物保护研究所　供图）

图 3-37　中国热带农业科学院环境与植物保护研究所专家指导马方人员判断椰心叶甲龄期
（中国热带农业科学院环境与植物保护研究所　供图）

四、可持续发展思路

联合试验室依托项目而成立，项目执行结束后，实验室缺乏资金投入，目前实验室固定运转费最为缺乏。该平台受众较小，当前只针对马尔代夫，在下一步发展过程中，应拓展合作对象，扩大合作范围。

第十一节　中国热带农业科学院—信德省农业大学热带农业科技合作示范基地

一、成立背景

作为我国全天候战略合作伙伴，巴基斯坦热带农业整体实力较弱，主要体现在：一是农业劳动生产率低，二是政策执行力度不足，三是面临严重气候变化影响。但该国发展农业的自然条件良好，可耕地面积大，有大量的闲置土地，发展潜力和市场空间巨大。我国具备的生物技术、农作物育种、农业装备等科技优势与巴基斯坦特异种质资源和土地等自然优势具有很强的互补性，协作价值巨大。中巴经济走廊是我国“一带一路”建设“六廊六路”的重点之一，中巴经济走廊建设为农业发展提供重要平台。充分运用我国的热带农业作物品种、技术与人才优势对巴开展热带农业科技合作具有重要的政治和经济意义。

为落实国家“一带一路”倡议，推动我国热带农业科技“走出去”，中国热带农业科学院橡胶研究所与巴基斯坦信德省农业大学于2016年8月30日签署了科技合作备忘录，并于2017年联合向海南省科技厅申请立项支持，2018年海南省科技厅批复立项（2018年海南省重点研发计划项目“中国—巴基斯坦油棕优良种苗繁育及抗逆栽培技术研究与示范”）。在该项目的支持下，2018年5月13日中国热带农业科学院橡胶研究所代表团、海南省科技厅代表团和中国热带农业科学院椰子研究所代表团在巴基斯坦信德省农业大学举行了“中国热带农业科学院—信德省农业大学热带农业科技合作示范基地”揭牌仪式，标志着示范基地正式成立。为双方今后持续深入地开展热带农业科技合作提供重要平台。

示范基地的合作单位是巴基斯坦信德省农业大学，巴方平台负责人是巴基斯坦信德省农业大学瓦达哈友·甘地（Allah Wadhayo Gandahi）博士，瓦达哈友·甘地博士是信德省农业大学作物栽培学院土壤科学系主任，研究员，硕士生导师，巴基斯坦土壤科学学会成员、巴基斯坦农学会成员、信德省农业大学作物栽培学院研究委员会成员。目前主要从事油棕营养管理及水土保持等研究和相关教学工作，负责与达尔达（DALDA）食品有限公司的油棕联合研发工作。中方平台合作单位是中国热带农业科学院橡胶研究所，该所油棕产业发展课题组目前主要从事油棕区域性试种及油棕高效栽培技术等研究工作。图3-38为在中国热带农业科学院—信德省农业大学热带农业科技合作示范基地开展调查。

图 3-38　中国热带农业科学院—信德省农业大学热带农业科技合作示范基地调查
（中国热带农业科学院橡胶研究所　供图）

二、功能定位

充分利用中国热带农业科学院热带作物品种和技术优势，拓宽热带农业科技合作领域，建设高标准的热带作物生产技术集成与应用示范基地，以丰富我国热带作物抗逆栽培技术理论与实践，提升巴基斯坦热带农业科技与生产水平，带动巴基斯坦热区农民增收致富，为贯彻落实我国“一带一路”发展倡议、提升中巴经济走廊沿线地区农业发展水平贡献力量。示范基地主要开展热带作物种质资源及数据信息交换、油棕组织培养技术成果转化应用、热带作物生产栽培技术试验示范、技术培训、支持对方参与国际研究组织或机构等。示范基地的建设丰富我国热带作物抗逆种质资源基因库，完善中巴热带作物抗逆栽培技术理论和实践，为我国热带农业科技“走出去”提供技术支持。

三、重点任务

示范基地建立以来，开展了油棕等优良种苗繁育、抗寒抗旱高产高效栽培技术交流，了解巴基斯坦农业生产与科技发展情况，建立了油棕抗逆高产高效栽培技术试验示范基地（巴基斯坦信德省农业大学）。

第十二节　中国—阿联酋椰枣联合研究中心

一、成立背景

2015 年 9 月，中国热带农业科学院椰子研究所与宁夏（中阿）椰枣工程技术研究中心、中阿（迪拜）技术转移中心、宁夏中阿技术转移开发有限公司共同合作成立联合研究中心。联合研究中心主要与“一带一路”椰枣主栽国进行科技合作，开展椰枣种质资源交流、分子育种、遗传改良和良种繁育、椰枣精深加工与装备研发、椰枣病虫害防治与绿色防控等相关研究，科技支撑椰枣产业发展。

二、功能定位

联合研究中心针对椰枣优良品种改良与扩繁、耐盐抗旱、重要病虫害防治、精深加工等制约椰枣产业发展的问题，依托中国热带农业科学院椰子研究所在棕榈科植物长期攻关和研究的基础，在“一带一路”椰枣主栽国进行科技合作、成果示范和转移。重点任务如下：①椰枣种质资源交流，合作开展优良种质改良与扩繁研究，建立椰枣种质资源圃；②椰枣逆境生理合作交流，开展耐盐抗旱分子机制研究，挖掘耐盐抗旱相关基因；③摸清阿方椰枣病虫害种类、分布和为害程度；④针对阿方椰枣主要病虫害，合作开展综合防控研究；⑤建立中国—阿联酋椰枣红棕象甲防控示范基地。

三、重点任务

自 2015 年来，联合研究中心主要在巴基斯坦、阿联酋等国家和地区开展了椰枣病虫害调查及红棕象甲防控关键技术的示范与推广。

四、成果产出

（1）与阿联酋大学（United Arab Emirates University）开展优良品种组培再生体系的交流（图 3-39），收集相关组培资料，探讨组培合作空间，为国内棕榈科植

图 3-39　棕榈科植物组织培养体系
（中国热带农业科学院椰子研究所　供图）

物组培体系建立明确方向。

（2）开展与阿布扎比食品监督局（Abu Dhabi Food Control Authority）的科技交流，为深化科技合作搭建沟通合作桥梁。通过与 Abu Dhabi Food Control Authority 的科技交流，对接了阿联酋大学，在椰枣基因组学，逆境生理方面开展科技合作。图 3-40 为与阿方开展椰枣科技交流。

（3）在阿联酋开展了椰枣红棕象甲调查和椰枣病虫害相关资料收集，了解了阿联酋椰枣主要病虫害种类及红棕象甲发生为害情况，分析其成灾原因，明确了其为害特点（图 3-41）。

（4）根据阿联酋迪拜椰枣园环境生态特点，研发出一种适宜当地诱捕红棕象甲的装置，并申请了 1 项发明专利、1 项实用新型专利。

图 3-40　与阿方开展椰枣科技交流
（中国热带农业科学院椰子研究所　供图）

红棕象甲为害调查 -1

红棕象甲为害调查 -2

红棕象甲为害调查 -3

红棕象甲为害调查 -4

红棕象甲为害症状 -1

红棕象甲为害症状 -2

图 3-41　开展椰枣红棕象甲调查

（中国热带农业科学院椰子研究所　供图）

（5）开展了椰枣园红棕象甲声音探测技术研究，针对 3 种环境（公路边、公园、椰枣种植园）的椰枣树开展红棕象甲声音探测技术研究（图 3-42），发现椰枣种植园里探测效果最好，其次公园。并根据当地环境情况，对设置参数进行调整测试，在椰枣种植园其准确预报率达 85% 以上。

图 3-42　红棕象甲声音探测

（中国热带农业科学院椰子研究所　供图）

（6）初步建成椰枣红棕象甲综合防控示范基地。在阿联酋皇家椰枣种植园建立了红棕象甲综合防治示范基地，面积 100 公顷，主要展示红棕象甲成虫诱集技术。

（7）开展了红棕象甲防治技术培训。2017 和 2018 年承办阿拉伯国家椰枣生产技术培训班 2 期，培训内容涉及红棕象甲综合防治技术和椰枣种植等，来自埃及、阿曼、约旦、阿尔及利亚、巴勒斯坦和巴基斯坦 6 个国家的 50 名农业官员和科研人员参加了培训（图 3-43）。

2017 年阿拉伯国家椰枣生产技术培训班

2017 年椰枣红棕象甲防控技术培训

2018 年阿拉伯国家椰枣生产技术培训班

2018 年椰枣红棕象甲防控技术培训

图 3-43　阿拉伯国家椰枣生产技术培训班
（中国热带农业科学院椰子研究所　供图）

（8）红棕象甲无公害防治技术参展 2017 年中国—阿拉伯国家博览会，受到阿拉伯国家的广泛关注（图 3-44）。

图 3-44　红棕象甲防治技术参展 2017 年中国—阿拉伯国家博览会
（中国热带农业科学院椰子研究所　供图）

五、可持续发展思路

联合研究中心开展的研究范围较广，但目前参与的研究人员数量较少，下一步将多渠道争取项目经费支持，加强团队建设，扩大合作成果。

第十三节　中国—东盟热带海藻资源合作研究“海智计划”工作站

一、成立背景

中国热带农业科学院热带生物技术研究所在海洋资源研究与利用方面拥有较坚实的科研基础和条件基础，热带大型海藻生物资源与利用研究团队已在南海海藻资源调查与评价、大型海藻种苗繁育、养殖和加工利用等方面积累了良好的工作基础。中国—东盟近海藻类资源丰富，但热带海藻资源利用研究开发体系落后，海藻精深加工的深度广度远远不够，未形成完整的产业链。为更好利用热带海藻资源，提高海藻精深加工的技术深度，形成完整产业链，中国热带农业科学院与马来亚大学、印度尼西亚梭罗大学等东盟国家的科研单位签署了合作协议，在海洋生物资源利用与开发的研究方面奠定了合作基础，并于 2018 年建立热带海藻资源合作研究工作站。通过建立工作站，联合开展中国与东盟的热带海藻资源调查，研究和评价该区域热带大型海藻资源的多样性和应用价值；开展热带大型海藻资源的利用技术培训，培养高水平、高层次海藻业科技人才；召开热带大型海藻资源利用研究进展研讨会，深化各方合作交流。

以热带海藻资源合作研究工作站为基础，2019 年 7 月 8 日，由中国热带农业科学院热带生物技术研究所申报的热带海藻资源合作研究“海智计划”工作站获海南省科学技术协会批准设立。2019 年 11 月 20 日，“海智计划”工作站揭牌仪式在热带生物技术研究所举行，中国科协国际联络部、海南省科协和中国热带农业科学院相关同志参加揭牌仪式（图 3-45）。中国热带农业科学院热带生物技术研究所将利用好海南—东盟这一地理区位优势，以工作站为抓手，高效整合国内外科技资源，务实推进合作，提升科技创新能力。参加此次揭牌仪式的还有来自泰国、菲律宾、日本、中国科学院海洋所及热带生物技术研究所的领导和专家。揭牌仪式后，中国热带农业科学院热带生物技术研究所大型海藻研究团队和泰国、菲律宾、日本的海藻研究团队签署海藻资源合作框架协议。中国科学院海洋所、日本东京海洋大学、菲律宾维萨亚斯大学、泰国农业大学藻类生物资源研究中心和泰国农业大学渔业生物学系与热带生物技术研究所相关专家就大型海藻资源保护及创新利用、成果转化、人才培养等方面进行了深入交流，对推动热带海藻资源合作研究“海智计划”工作站的国际合作开展具有重要意义。

图 3-45　热带海藻资源合作研究“海智计划”工作站揭牌仪式

（中国热带农业科学院热带生物技术研究所　供图）

该工作站由热带生物技术研究所热带大型海藻生物资源与利用研究团队牵头组建，将联合马来西亚、印度尼西亚、泰国、越南、日本和国内的专家学者共同开展海藻资源多样性和进化、海藻养殖和加工利用、海藻生态修复功能等领域的研究。此次合作研究工作站的获批，对进一步提升中国热带农业科学院在热带海藻资源创新利用的科研水平及科技成果转化能力、海藻研究国际化人才培养起到积极推动作用，对提升中国热带农业科学院在热带海藻领域的国际影响力，推动热带海藻产业转型升级具有重要意义。

二、功能定位

工作站计划与东盟相关高校企业合作开展对中国、东盟热带海藻资源的调查、收集工作；结合形态学特征和分子遗传标记数据进行海藻物种鉴定和多样性分析，摸清该海域热带海藻资源概况，搭建中国–东盟热带海藻资源库；结合目前国内外经济海藻养殖现状，筛选几种具有较高经济价值的藻种，开发和优化新型经济海藻养殖加工利用技术；召开热带大型海藻资源利用学术研讨会，分享热带海藻资源合作调查成果，挖掘经济藻种，探讨热带大型海藻资源利用研究发展状况，建立长效务实的合作机制；邀请相关领域专家学者，开展热带大型海藻资源利用技术培训班，推广研究技术，交流研究成果，培养高水平、高层次海藻专业科技人才。

三、重点任务

（1）启动南海周边国家热带海藻资源合作研究，初步建立热带海藻资源合作研究工作站，与东盟国家相关科研单位合作开展大型海藻资源调查、采集和研究工作，为加强南海热带大型海藻资源的保护与利用，促进中国及东盟国家海藻资源共享，实现海藻产业优势互补提供科学依据。

（2）召开中国—东盟热带海藻资源与利用的学术研讨会，深化中国与东盟国家的科研交流和民间交往，为建立长效稳定的合作机制搭建平台。举办热带大型海藻资源利用技术培训班，培养高水平、高层次海藻专业科技人才，为提高沿岸居民收入水平，促进中国和东盟国家海洋经济的发展，服务国家“一带一路”倡议。

四、可持续发展思路

海藻是海洋初级生产力，是海南资源的重要组成，中国热带农业科学院热带生物技术研究所拥有雄厚的科研实力和优秀的科研队伍，加大对该平台投入经费和科研支持，将有利于加深对热带海洋生物资源利用领域的研究，为海藻产业提供强有力的科技支撑。

第十四节　中国—厄瓜多尔热带农业科技研发中心

一、成立背景

2012 年 6 月，时任国务院总理温家宝访问拉美期间就中拉农业合作提出了一系列政策主张，包括建立中—拉农业科技研发中心。为了落实温总理的中拉农业合作政策主张，2013 年 4 月，中国农业代表团访问了厄瓜多尔，与厄瓜多尔农牧渔业部就如何落实温总理的中拉农业合作政策主张深入交换了意见，就合作建立中—厄热带农业科技研发中心达成了一致意见。2013 年 6 月 8—9 日，在北京举行了中国—拉丁美洲和加勒比农业部长论坛，发表了中国—拉丁美洲和加勒比农业部长论坛北京宣言（简称北京宣言），“加强农业科技研发中心合作”是《北京宣言》明确的重要内容之一。因此，合作建立中国—厄瓜多尔热带农业科技研发中心是具体落实我国领导人就中—拉农业合作提出的一系列政策主张的务实合作措施。。

厄瓜多尔是南美洲重要国家，与我国建交较早，地处赤道两边，热带农业资源丰富，尚未开发利用的土地多，土壤和气候十分适宜热带作物的生长，香蕉、花卉、可可、芒果、南美白对虾等是其出口量最大的农产品。厄瓜多尔素有“香蕉王国”的美称，香蕉产业技术先进，是世界上第一大香蕉出口国，其香蕉出口量占世界出口总量的 29%，是该国家仅次于石油出口的第二大外汇来源，但其他农作物如水稻、玉米、牧草、芒果、番木瓜、蔬菜等产量低、耕作栽培技术落后，中、厄双方农业合作的潜力很大，互补性很强，厄方政府也非常希望在热带农业科技研发方面加强与中国的合作。2013 至 2016 年，在农业国际交流与合作项目支持下，中国热带农业科学院与厄瓜多尔农业研究院进行了交流与合作。 2016 年，中国—厄瓜多尔热带农业科技研发中心在厄瓜多尔农业研究院南海岸试验站正式挂牌成立（图 3-46）。

图 3-46　中国—厄瓜多尔热带农业科技研发中心挂牌
（中国热带农业科学院海口实验站　供图）

二、功能定位

中国—厄瓜多尔热带农业科技研发中心的合作领域主要是中国与厄瓜多尔两国乃至南美洲有关热带农业方面的科技研究。研究范畴包括：热带作物育种、栽培、病虫害防治、采后生理、采后保鲜与加工技术研究以及废弃物综合利用等方面。该平台是作为中国与厄瓜多尔两国热带农业科技交流、合作和技术培训的平台，也是中国与南美洲国家进行热带农业科技交流的平台。

三、重点任务

与厄瓜多尔农业科学院合作，主要针对厄瓜多尔香蕉、芒果、水稻、咖啡、可可等热带作物生产上存在的关键技术问题，建设热带作物种苗繁育技术研发实验室和热带农业科技试验站。实验室主要开展香蕉、芒果、水稻、咖啡、可可等热带作物优质种苗繁育技术研发和种苗生产，试验站主要开展品种改良、栽培管理、病虫害综合防控、农产品采收处理、保鲜、贮运与加工及副产品综合利用等试验示范。

四、成果产出

挂牌成立了“中国—厄瓜多尔热带农业科技研发中心”，派出果树专家 16 人次赴厄瓜多尔开展技术交流与合作；协助举办海外技术培训班 1 期，派出专家开展热带果树培育技术培训；科技支撑中国企业走出去，支持一家中资企业在厄瓜多尔发展热带水果种植；联合培养了 2 位来自厄瓜多尔的青年科学家。图 3–47 为中国热带农业科学院专家在厄瓜多尔香蕉芒果试验示范基地。

四、可持续发展思路

研发中心下一步拟继续开展交流互访；引进 2 名厄瓜多尔访问学者，进行油梨、芒果、杨桃、葡萄等病虫害防治和果实采后保鲜技术以及印加果生物学特性研究等，并持续为厄瓜多尔中资企业提供科技支撑。

图 3-47　中国热带农业科学院专家在厄瓜多尔香蕉芒果试验示范基地
（中国热带农业科学院海口实验站　供图）

第十五节　中国热带农业科学院哥斯达黎加热带饮料作物种质资源保护利用实验室

一、成立背景

热带农业研究与高等教育中心（CATIE）总部位于哥斯达黎加，是一个主要面向中、南美洲地区的区域性国际热带农业科研机构，也是世界重要的热带农业研究中心之一，收集保存大量的咖啡、可可等重要热带作物种质资源，在热带作物资源及育种领域具有深厚的研究基础。近年来，中国热带农业科学院（CATAS）与 CATIE 在咖啡、可可种质资源、品种筛选及体胚发生组织培养技术等方面合作交流频繁，已建立起良好的合作关系和研究基础。为深化中国热带农业科学院与 CATIE 的合作，进一步拓展与哥斯达黎加热带农业研究机构在热带农业科研领域的交流合作。2019 年 9 月，中国热带农业科学院代表团赴哥斯达黎加访问 CATIE，双方商讨了联合实验室共建事宜，并挂牌成立了中国热带农业科学院哥斯达黎加热带饮料作物种质资源保护利用实验室。

二、重点任务

依托联合实验室，联合开展咖啡、可可等热带饮料作物种质资源评价利用、品种选育、高效栽培、特色产品加工等研究与示范推广，解决我国热带饮料作物种质资源及优良品种缺乏问题，输出我国先进的热带饮料作物生产技术及管理模式，提高哥斯达黎加热带饮料作物科技创新能力和产业技术水平，不断提升中国热带农业科学院在拉美地区的影响力，服务国家“一带一路”倡议。

第十六节　中国热带农业科学院瓦努阿图农业试验站

一、成立背景

南太平洋岛国作为“21 世纪海上丝绸之路”的南线国家，与中国热区具有地缘相似、气候相似的区位优势和资源优势，是中国“一带一路”倡议的重要合作国，瓦努阿图是太平洋岛国论坛的重要成员。中国热带农业科学院与瓦努阿图北方林业局、瓦努阿图棕榈油有限公司等相关部门协调合作，于 2017 年 8 月 16 日挂牌成立中国热带农业科学院瓦努阿图农业试验站（图 3-48）。通过试验站共建，将为

图 3-48　中国热带农业科学院瓦努阿图农业试验站揭牌仪式
（中国热带农业科学院橡胶研究所　供图）

中瓦热带农业科技国际合作交流提供重要的支撑平台，对提高中国热带现代农业对外交流与合作水平、促进瓦努阿图农林生产、提高当地人民生活水平、增强与中国的友谊等有重要意义。

二、功能定位

中国热带农业科学院瓦努阿图农业试验站将以瓦努阿图为中心，以油棕和速生林产业化技术为突破口，争取建成一个集农林业科技研发、技术示范、培训与推广、可持续发展的农业科技合作研发平台，研发适合瓦努阿图特点的农林产业化技术，并辐射推广到其他南太岛国，以促进我国与南太岛国农业交流与合作，服务我国“一带一路”倡议。试验站的主要研究领域为以下几个方面。

（1）油棕商业化生产技术研发。在总结瓦努阿图前期油棕引种试种成果的基础上，研发和构建完整的油棕商业化生产技术体系，为瓦努阿图大规模商业化发展油棕产业提供技术支持，同时促进与其他相邻的南太岛国油棕种植业的科技合作与交流。

（2）热带农林商业化生产技术研发。选育特色、高产、优质品种，研发配套丰产栽培和综合加工利用技术，形成适合瓦努阿图气候特点的热带农林商业化生产技术，为瓦努阿图发展农林支柱产业提供技术支持。

（3）试验示范基地建设。建立种苗繁育、种植试验研究与品种展示、产业化生产经营等试验示范基地，对研究成果和技术进行试验示范和培训推广，促进当地农林产业的发展。

三、重点任务

（1）试验站以油棕商业化种植技术研发为基础，扩大到其他林业、农业研究等领域，将中国热带农业科学院在农业研究、技术推广等方面的技术在瓦努阿图推广。针对依托商务部援瓦努阿图种植技术合作项目，于 2010 和 2013 年引进种植的 9 个油棕新品种，继续开展生长和产量等适应性观测评价。观测结果显示，有 5 个品种的产量表现与当前国内油棕区域性试种的产量表现相似。同时，通过对前期相配套的种植示范园建设、种苗繁育和育苗栽培技术的摸索和积累，为今后在瓦努阿图等南太平洋岛国大规模商业化种植油棕奠定了品种选择和栽培技术基础。

（2）根据当地农业生产需要，开展柱花草、王草等热带牧草在当地的引种试种，建立试种基地 2 亩，对牧草的播种、抚管和刈割进行技术指导，并与当地科研机构就热带牧草的品种选育、栽培种植和热带畜牧养殖业等研究方向进行学术交流。图 3-49 为中国热带农业科学院专家在瓦努阿图农业试验站基地考察。

图 3-49　中国热带农业科学院瓦努阿图农业试验站基地考察

（中国热带农业科学院橡胶研究所　供图）

四、可持续发展思路

（1）继续将发展油棕种植业作为援瓦建设的重点。瓦努阿图现有的农业生产技术较为原始粗放，生产力水平低下。且由于人口的快速增加，人均经济收入水平增长缓慢。油棕种植业是一项适合在热区非耕地区域种植推广并长期维持稳定的产业，可承载国家的食用油安全和作为化石能源的有效补充。其也是一项市场前景好、适合大规模生产，且生产技术水平要求不高的农业产业，符合瓦努阿图当前的国情。经过前期的引种试种，其适应性表现较好，表现出良好的生产潜力，可在瓦努阿图形成规模化种植，培育新兴产业。

（2）虽然油棕在当地试种结果表现良好，但由于当地没有专业技术人员，难以进行长期连续性的生产记录和作物生长表现观测，进而无法对整个油棕生长周期进行评价。后期，将对当地农学院学生开展油棕栽培种植过程的科学数据观测培训，根据实际观测结果筛选优良单株，选育更适合当地生产条件的油棕新品种。同时，通过总结配套的抚育管理技术措施，为下一步产业发展提供技术支持。

（3）财政类项目资金无法在国外进行支出使用，导致有限的资金未充分发挥其效率，进而使得与合作共建单位深入实质性的合作难以展开，影响项目为当地带来的实际效果。因此，需制定政策、指南，使项目资金经费能够在共建单位当地亦能够安全高效地使用。

第十七节　密克罗尼西亚联邦椰子标准化种植示范园

一、成立背景

为促进中国与密克罗尼西亚在椰子生产领域的交流与合作，海南省与密克罗尼西亚波纳佩州达成共识，在波纳佩州共建标准化椰子种植示范园。该示范园于2018年11月启动，2019年开工建设，由中国热带农业科学院和波纳佩州资源开发局联合承建。示范园对促进中密两国农业合作、增进中密两国人民的友谊具有重要意义。

二、重点任务

示范园重点开展椰子新品种、丰产栽培技术、病虫害防控技术、初加工技术展示与培训，相关图片详见图3-50至图3-54。

三、建设成效

中国热带农业科学院派遣椰子专家常驻当地指导示范园建设工作。专家采用宽窄行标准化种植技术示范园种植椰子200多株，筛选出当地高产优质品种3个，举办培训班培训当地农业官员、学生和农户，提升当地农业技术水平。应用宽窄行种植技术，在椰子园前3年可间种牧草、咖啡、香蕉、菠萝等经济作物，有效提高当地土地利用率和农民收入。

图 3-50　椰子宽窄行种植技术培训

（中国热带农业科学院椰子研究所　供图）

图 3-51　窄行覆盖农膜控草

（中国热带农业科学院椰子研究所　供图）

图 3-52　宽行间作菠萝
（中国热带农业科学院椰子研究所　供图）

图 3-53　间作咖啡现状
（中国热带农业科学院椰子研究所　供图）

图 3-54 椰园立体种植模式培训
（中国热带农业科学院椰子研究所 供图）

第十八节 热带香料饮料作物“海智计划”工作站

一、成立背景

为更好地发挥海外人才和智力作用，搭建海外高层次人才引进、项目合作、学术交流、决策咨询的平台，2019 年，中国热带农业科学院香料饮料研究所申请的热带香料饮料作物“海智计划”工作站获海南省科协批准设立。2019 年 11 月 26 日，热带香料饮料作物“海智计划”工作站揭牌仪式在中国热带农业科学院香料饮料研究所举行。海南省科学技术协会、中国热带农业科学院、马来西亚科学院、热带农业研究与高等教育中心等单位专家参加了揭牌仪式。

二、重点任务

“海智计划”工作站是引进和凝聚海外高层次人才和高端技术的重要平台。中国热带农业科学院香料饮料研究所将以工作站的设立为契机，进一步加强与海外科技机构和科技工作者的沟通交流与合作，加大海外高层次人才的引进和高端技术的引进消化吸收和再创新，不断提升热带香料饮料作物科技自主创新能力，为加快建成世界一流的热带香料饮料作物科技创新中心、热带农业科技成果转化基地、热带生态农业示范基地提供智力支持，为海南创新驱动战略和经济社会发展，为海南自由贸易试验区和中国特色自由贸易港建设贡献力量。

附　录

平台管理文件

附录一
中国热带农业科学院国际合作平台建设报告

一、中国热带农业科学院国际合作平台现状

平台建设是中国热带农业科学院国际合作工作的重要组成部分，中国热带农业科学院先后与国际橡胶研究与发展委员会、国际热带农业中心等16个国际科技组织、40多个国家和地区建立了长期的学术交流与合作研究关系。截至2020年底，中国热带农业科学院先后建立了科技部热带农业科技国际合作基地、FAO热带农业研究培养参考中心、农业农村部农业对外合作科技支撑与人才培训基地和热带农业对外开放合作试验区、中国热带农业走出去研究中心等国际合作平台51个。

二、国际合作平台运行管理成效

国际合作平台在支撑热带农业科技创新、助推热带农业“走出去”、促进热带农业人力资源提升以及培养国际合作储备人才队伍等多个方面起到了不可替代的作用，通过多年的良好运行管理，中国热带农业科学院国际合作平台取得了众多丰富的合作成果。

1. 支撑热带农业科技创新

国际合作平台是中国热带农业科学院与国外科研机构开展学术交流与合作研究的基础。中国热带农业科学院通过与欧美、澳大利亚等发达国家和国际热带农业科研机构共建联合实验室等国际合作平台，先后承担各类国际合作项目500多项，取得国际科技合作成果100多项，部分研究成果如木薯全基因组测序、橡胶树产胶机理研究等处于国际领先水平。另外，通过国际合作平台，引进油棕高效组织培养技术、转基因育种技术等关键技术33项，显著提升了中国热带农业科学院的热带农业科技创新能力。

2. 助推热带农业“走出去”

国际合作平台通过独特的地理优势与先进的技术优势助推热带农业“走出去”。一方面，中国热带农业科学院在马尔代夫建设的中国—马尔代夫椰子害虫联合实

验室为当地提供椰心叶甲生物防治技术；共建的中国—阿联酋椰枣研究中心，为阿拉伯国家和地区提供红棕象甲防治新技术。另一方面，中国热带农业科学院国际合作平台与广东农垦、天津聚龙和中农发等企业合作，在马来西亚、瓦努阿图、格林纳达、印度尼西亚、坦桑尼亚和柬埔寨建立了橡胶、油棕、剑麻和木薯等热带作物的种植与加工基地，取得了良好的经济效益，有效提升了科技支撑涉农企业“走出去”步伐。

3. 促进热带农业人力资源合作开发

国际合作平台通过开展科技援外以及服务外交等工作有效促进了受援国的热带农业人力资源合作开发。中国热带农业科学院先后派出了100多名专家赴境外执行援外项目，援外工作得到受援国和我国政府的高度认可。代表国家建设和运行了中国援刚果（布）农业技术示范中心，开展木薯、蔬菜、玉米等作物的试验、示范、培训和推广工作，取得了良好的效果，被刚果（布）总统萨苏先生称之为“中非农业合作典范”。此外，中国热带农业科学院还通过国际合作平台举办商务部、科技部、农业农村部等部委和联合国开发计划署、国际原子能机构等国际组织资助的援外培训班100多期，培训来自非洲、亚洲、拉丁美洲的90多个国家的4 000多名学员。

4. 培养国际合作储备人才队伍

近年来，中国热带农业科学院通过国际合作平台的建设与运行锻炼培养了一批国际合作储备人才队伍。利用国际合作平台在国际培训、学历教育、人员互访、学术交流、联合研究和技术引进方面的便利条件，中国热带农业科学院先后培养了科技援外专家、政策咨询研究人员、成果转移转化专业人员和国际科技组织后备人才四支国际合作储备人才队伍。为热带农业科技创新、科技支撑热带农业走出去、成果转化应用与服务国家科技外交等方面打造出高素质的人才队伍。

三、国际合作平台存在问题

1. 平台可持续发展能力不足

由于国际合作类项目的特殊性，建设国际合作平台通常是项目申报、执行乃至考核验收的重要组成部分。因此，部分国际合作平台的建设通常是为了迎合项目需求来设置，平台设计较少考虑外方机构利益，未与外方商议形成长期发展规划。这样导致一旦项目未获资助或者已结题便会出现平台运行经费缺乏和管理缺失的问题，严重影响了国际合作平台的可持续发展。

2. 平台日常运行存在局限性

中国热带农业科学院部分国际合作平台布局在境外，一方面由于经费限制，科研人员未能定期前往境外国际合作平台开展工作，平台日常运行往往由外方负责，无法做到平台运行的跟踪管理；另一方面，受到财政经费使用的限制，境外平台的设备购置、人员聘用以及运行维护相关费用支出较难落实，导致外方机构对平台运行缺乏积极性。

3. 平台普遍存在重建设轻管理

当前，随着中国热带农业科学院国际合作工作的持续推进，院属单位对于建设国际合作平台有着较高的积极性。根据国际合作处统计，2018 年至 2020 年院内各所站拟新建 16 个国际合作平台。受到项目驱动，院属各单位对于建设国际合作平台较为重视。但平台建立后，受多种因素影响往往难以对平台实现有效管理运行，甚至出现平台建成多年后出现失管的现象。

四、下一步措施及建议

1. 加强对国际合作平台的运行管理

国际合作处早在 2014 年 5 月 21 日就印发了《中国热带农业科学院国际合作平台建设与管理指导性意见》(热带农业科学院外〔2014〕177 号)，该指导性意见对中国热带农业科学院国际合作平台的布局规划、申报筹建、运行管理和考核评价提出了详细要求。下一步，国际合作处将依据该意见，对全院国际合作平台进行梳理，加强新建国际合作平台的审核，明确现有国际合作平台的责任人，督促国际合作平台的运行管理。

2. 优化国际合作平台功能定位

各类国际合作平台的建设依据功能定位的不同各有侧重。下一步，国际合作处将组织编制农业对外合作科技支撑与人才培训基地和热带农业对外开放合作试验区等重要国际合作平台的建设方案。同时，督促依托单位加强对新建国际合作平台的项目策划，按照科研需求导向明晰国际合作平台的功能定位，按照互利共赢原则制定国际合作平台的运行机制，加快推进热带农业国际合作平台的建设与融合发展。

3. 完善国际合作平台的支撑保障

国际合作平台建设对于中国热带农业科学院热带农业科技创新起到了关键性的

支撑作用，建议加强对国际合作平台的支撑保障。一是建议从院基本科研业务费等项目中设置国际合作平台运行及维护专项经费，对于考核评估优秀的重要国际合作平台给予适度的资金支持；二是建议将国际合作平台考核评估结果作为国际合作平台负责人和团队成员岗位聘任、职称评审以及绩效分配等的重要依据，进一步激发科研人员参与国际合作平台建设与管理的积极性。

4. 强化国际合作平台的可持续发展

国际合作平台的获批建设与运行管理均来之不易，下一步国际合作处将从多方面强化国际合作平台的可持续发展。一方面，强化国际合作平台的顶层设计，与外方合作机构打造合作共赢的成果转化与技术转移机制；另一方面，鼓励各依托单位与涉外企业共建国际合作平台，探索由企业出资金、单位出技术来共同维护国际合作平台运行的可持续发展模式。

附录二
中国热带农业科学院国际合作平台建设与管理暂行办法

为深入推进我院热带农业国际科技合作与交流，不断增强国际合作平台的科技合作创新能力、支撑服务能力与条件保障能力，进一步规范和加强中国热带农业科学院（简称“中国热科院”）各类各级国际合作平台的建设与运行管理，根据院有关文件精神，结合实际，特制订本暂行办法。

一、指导思想

紧密围绕我国热带农业国际科技创新合作和世界热区农业发展的重大需求，有效利用国际科技资源，促进我国热带农业“走出去”，搭建国际合作人才队伍成长平台并服务国家外交大局。在重点研究领域和特色学科方向建设热带农业走出去科技支撑与共享服务平台体系。中国热科院国际合作平台实行分级建设、分类管理、定期考评，并引入激励机制和约束机制，不断提升中国热科院国际合作平台的国际科技创新合作能力、可持续发展能力以及国际影响力。

二、布局规划

中国热科院国际合作平台包括国家（国际）科技创新合作平台、国际组织合作平台和国际合作试验示范基地三类，国际、国家、部省和院所站等四级平台。按照“整体规划、科学论证、按需设置、突出重点”的原则，根据不同平台的功能定位、建设与管理要求，强化对全院国际合作平台的顶层设计和布局，构建布局合理、定位明确、运转高效、支撑有力的热带农业科技国际合作平台体系。

三、申报筹建

（一）条件

1. 符合中国热科院国际合作平台建设的总体布局与建设规划，特色和优势突出。

2. 目标定位和研发方向明确，具有相对完善的科技创新基础资源和国际合作工作积累，或者有能力整合现有国内外相关科技资源。

3. 具有学术水平和国际合作水平高、专业结构合理、勇于创新的人才队伍。

4. 依托单位现有国际合作平台运行管理规范、建设成效显著。

坚持“成熟一个、建设一个”的原则，对于不具备以上条件但确有建设必要的平台，依托单位需积极开展前期培育工作。

（二）流程

1. 中国热科院院属各科研单位申报筹建的国际、国家、部省和院级国际合作平台，须由本单位学术委员会提出或院学术委员会国际合作专委会建议。建设方案经所务会研究后，提交院学术委员会国际合作专委会论证，院长办公会或院常务会审议通过后，按照主管部门的要求组织申报。

2. 中国热科院院属各科研单位申报筹建的所站级国际合作平台，须由本单位学术委员会提出，建设方案经所务会研究后，提交国际合作处备案。

3. 需认定的境外国际合作平台由国外合作伙伴机构商相关国家政府主管部门进行资格认证，并经双边政府间科技合作机制确认后，择机在国外合作伙伴机构挂牌。

4. 各单位原则上不再新设立所站级国际合作平台，如确有必要，须由本单位学术委员会提出，经所务会研究通过并报院学术委员会国际合作专委会和国际合作处同意后设立。

（三）筹建

1. 批复筹建的国际合作平台应科学编制计划任务书，并严格按照计划任务书规定的建设内容、规模以及时间进度等要求组织实施。筹建期间，依托单位应积极提供人员、经费、场地等条件保障，采取筹建与运行、开放同步的原则，并在筹建完成后，按照相关要求及时申请验收或机构审查认可。

2. 创新国际合作平台建设思路，鼓励国际合作平台与国内外高校、科研机构、企业和政府部门等利用各自的人才队伍、仪器设备和其它科技资源优势，联合共商共建区域性或特色国际合作平台，实现平台共建、优势互补、资源共享。

3. 对于联合组建的国际合作平台，共建单位应当就各自的责、权、利进行充分协商，并严格按照双（多）方签署的协议要求，组织实施平台的建设与管理；同时，积极探索合作模式，创新合作机制。通过联合共建，拓展平台领域、提升平台质量，推动中国热科院国际合作平台上新台阶。

四、运行管理

（一）职责划分

1. 中国热科院国际合作处是院级以上国际合作平台的归口管理部门，负责组织全院国际合作平台申报，指导国际合作平台的建设与运行管理；监督和检查国家、国际组织和境外试验示范基地等国际合作平台的建设，及对院级以上国际合作平台的检查和考核评价。

2. 依托单位是各类各级国际合作平台建设和管理的责任主体，负责为国际合作平台的建设和运行提供相关配套条件。

3. 各类各级国际合作平台建设和管理的执行主体是依托单位，原则上依托相关研究室建设，依托建设单位科技处或科研办公室负责管理；联合性国际合作平台需明确以一个依托建设单位为建设和管理的执行主体，牵头负责联合性国际合作平台的条件建设、科技创新、学术交流和对外宣传等活动。

4. 各类各级国际合作平台学术委员会是相关平台的学术指导机构。主要职责是审议相关国际合作平台的建设规划、研究方向、目标和任务，指导相关平台的建设和日常运行管理。

5. 各类各级国际合作平台应设立平台负责人，并按权限报院学术委员会国际合作专委会、院国际合作处和人事处审核备案，负责相应国际合作平台的日常运行与管理。

（二）管理机制

1. 严格实行分类分级管理。按照三类（国家（国际）科技创新合作类、国际组织合作类和国际合作试验示范基地类）、四级（国际级、国家级、部省级、院所站级）对平台实行分类分级管理。

2. 明确日常管理的责任主体。除指定国际级国际合作平台由院本级负责日常管理外，其余国际合作平台原则上由依托单位或研究室负责日常管理。国际合作平台实行院长办公会、处务会或所务会领导下的平台主任负责制。

3. 实行目标管理。中国热科院国际合作平台应制定短期（1 年）、中期（3—5 年）和长期（5—10 年）建设和合作目标，并强化落实到位。

4. 实施问责管理。院国际合作处、各类各级国际合作平台依托单位及负责人须加强沟通与协作，及时解决相应平台建设和运行管理中存在的问题，建立责任清晰、违责必究的管理机制。

5. 中国热科院国际合作平台实行“开放、流动、联合与协作”的运行机制。强化运行管理机制创新，不断提升国际合作平台的科技创新能力、可持续发展能力以及国际影响力。

（三）优化结构

1. 围绕中国热科院重点研究领域和特色学科方向，积极申报国际、国家和部省级国际合作平台，不断优化各类各级国际合作平台的数量和结构，提升全院国际合作平台的整体水平。

2. 对具有如下情况的院、所站级国际合作平台进行调整、合并：

（1）研究领域和研究方向与其他国际合作平台明显重复；

（2）工作基础薄弱、发展方向不明、发挥作用不大；

（3）属于单位内部职能、主体建设内容与研究室一致。

3. 中国热科院院级国际合作平台升级为上一级平台后，应及时向上级主管部门申请取消原有平台。

4. 凡符合中国热科院重点研究领域和重大战略需求、但不属于上述 2-3 两种情形的院级平台，继续予以保留。

（四）队伍建设

1. 平台负责人

（1）各类各级国际合作平台主任为平台的直接责任人。原则上由相应平台执行主体的职能处室或研究室主任担任。

（2）国际合作平台责任人原则上只能担任 1 个国际合作平台的主任或不超过 2 个国际合作平台的副主任，如确需兼任 2 个以上（含）部省级以上国际合作平台的主任，则需增设执行副主任 1 名。执行副主任、副主任应当是与国际合作平台主要研究方向一致的一线科技人员，并具有较强的业务能力、管理能力和组织协调能力，工作责任心强，能切实履行岗位职责。

（3）根据实际需要，每个国际合作平台可安排副主任 1–2 名，秘书长和秘书 1–2 名。

（4）除区域性联合实验室、与院外单位联合共建的国际合作平台外，每个平台的主任、执行副主任和副主任原则上属同一法人单位，避免虚设岗位和交叉管理。

2. 各类各级国际合作平台应加强与国外高水平研究机构、高层次科技人才的合作，根据自身发展需要，创造条件吸引海外杰出人才或者优秀创新团队来院开展短期或者中长期的合作研究工作，培养高水平的合作团队。

3. 国际合作平台依托建设单位要高度重视国际合作人才的引进与培养，切实构建一支数量稳定、国际素质高、科技创新能力强的国际合作人才队伍，确保平台正常运行。

（五）条件建设与经费保障

1. 院属所站要充分利用自身条件积极申报筹建国际合作平台，通过多渠道争取经费不断完善平台的硬件条件，逐步形成院所站、部省、国家和国际组织多元化投入的平台建设体系。

2. 各类各级国际合作平台应积极策划和组织申报国际科学研究计划和重大科技成果，加快提升平台的创新水平和国际影响力。平台依托建设单位应加大对平台的投入力度，并将平台建设与运行管理经费纳入所年度预算。

（六）平台管理机制

1. 各类各级国际合作平台应重视学风建设和学术道德建设，建立健全诚信监管与追踪问责机制，自觉抵制各种学术不端行为，营造良好的学术氛围。

2. 各类各级国际合作平台应加强对知识产权的保护。依托平台完成的专著、论文、成果、软件、数据库等研究成果必需标注相应平台的名称，奖励申报、专利申请、成果转让等按国家有关规定办理；由多家单位合作完成的科技成果，其署名顺序按照协议或相关法规确定。加强数据、资料和成果的科学性和真实性审核，以及归档和保密等工作。

3. 鼓励各类各级国际合作平台加强同国内外高水平平台之间的交流与合作，借鉴优秀平台建设和管理的新思路、新举措，提升管理水平以及科技自主创新能力。

五、考核评价

（一）内容与方式

1. 本着以评促建的原则，按照年度考核、中期评估和运行周期评估相结合的考评方式，对国际合作平台实行分类分级考核与绩效评估。国际、国家和部省级平台由上级主管部门的要求和标准进行考核评价；院所站级平台接受院学术委员会国际合作专委会、院国际合作处和依托建设单位的考核评价。

2. 考核内容主要从国际合作项目、技术研发、人才队伍、支撑条件、内部管理、开放共享、服务质量和合作成果等方面对国际合作平台实行量化考核；按照定量与定性、短期目标与中长期目标相结合的原则，对国际合作平台及其依托单位与平台负责人分别进行考核和动态管理。平台应充分重视考评工作，严格按照相关要求组织编报材料，认真落实考评相关工作。

（二）结果使用

建立各类各级国际合作平台考评的激励机制和约束机制，并加大对考核结果的使用力度。本着重实绩、重贡献的原则，将考核结果作为各类各级平台运行经费资助的重要指标、平台依托单位和责任部门科研条件建设和推荐相关国际科学研究计划和国际合作储备人才培养推优的主要依据，同时作为国际合作平台责任人及骨干聘用的重要依据。

六、附则

（一）本办法自发文之日起实施。

（二）各依托单位在本办法基础上制定相应的国际合作平台管理办法。

（三）本办法与国家、农业农村部、海南省和中国热带农业科学院相关平台管理办法相抵触时，以国家、农业农村部、海南省和中国热带农业科学院相关管理办法为准。

（四）本办法由中国热科院国际合作处负责解释。

附录三
中国热带农业科学院热带农业国际合作平台列表

序号	主管 / 合作单位	平台名称	成立时间
1	联合国粮农组织	FAO 热带农业研究培训参考中心	2014 年
2	联合国粮农组织	热带农业平台	2013 年 .
3	国际橡胶研究与发展委员会	国际橡胶研究与发展委员会（IRRDB）	1980 年
4	国际热带农业中心（CIAT）	CATAS-CIAT 合作办公室	2011 年
5	国际热带农业中心（CIAT）	CATAS-CIAT 联合实验室 /CIAT-CATAS 亚太热带农业联合实验室	2018/2019 年
6	国家外国专家局	热带牧草选育引智成果示范基地	2001 年
7	海南省科技厅	海南—东盟热带作物科技合作基地	2003 年
8	科技部	热带农业科技国际合作基地	2007 年
9	海南省外国专家局	海南省引进国外智力成果示范推广基地“热带油料作物引种与品种选育”	2013 年
10	国家外国专家局	国家引进国外智力示范单位	2015 年
11	农业农村部	农业对外合作科技支撑与人才培训基地	2017 年
12	农业农村部	热带农业对外开放合作试验区	2017 年
13	海南省科技厅	海南热带农业国际技术转移中心	2019 年
14	国家外国专家局	国家引才引智示范基地	2019 年
15	国家外国专家局	国家引才引智示范基地	2020 年
16	海南省科学技术协会	中国热带农业科学院“海智计划”工作站	2018 年
17	海南省科学技术协会	中国—东盟热带海藻资源合作研究“海智计划”工作站	2019 年
18	海南省科学技术协会	热带香料饮料作物“海智计划”工作站	2019 年
19	中国科学技术协会	中国科协“海智计划”工作基地	2020 年
20	中国热带作物学会	中国热带作物学会国际合作工作委员会	2006 年
21	全国热带农业科技协作网	全国热带农业科技协作网国际合作专业委员会	2015 年

（续表）

序号	主管 / 合作单位	平台名称	成立时间
22	中国热带农业科学院	中国热带农业走出去研究中心	2015 年
23	中国热带农业科学院	热带农业技术转移中心	2016 年
24	中国热带农业科学院	热带农业国际培训中心	2016 年
25	中国热带农业科学院	“一带一路”热带农业科技创新中心	2016 年
26	德国杜塞尔多夫大学	热带药用植物研究与利用国际联合实验室	2009 年
27	澳大利亚迪肯大学	先进热作材料国际研究中心	2009 年
28	尼日利亚联邦农业和水资源部	中国—尼日利亚木薯中心	2009 年
29	夏威夷大学热带农业和人力资源学院	热带植物保护合作中心	2012 年
30	中国热带农业科学院	中非现代热带农业联合研究中心	2016 年
31	马来亚大学海洋与地球科学研究所	中国—东盟热带海藻资源合作研究工作站	2018 年
32	泰国宋卡王子大学	橡胶加工国际联合实验室	2018 年
33	葡萄牙里斯本大学农学院	咖啡锈病研究联合实验室	2018 年
34	刚果（布）农牧渔业部	中国援刚果（布）农业技术示范中心 / 中国热带农业科学院刚果（布）农业试验站	2007/2015 年
35	马尔代夫农业部	中国—马尔代夫椰子害虫生物防治联合实验室	2015 年
36	密克罗尼西亚联邦农业与林业资源发展部	密克罗尼西亚联邦椰子标准化种植示范园	2018 年
37	中阿（迪拜）技术转移中心、宁夏中阿技术转移开发有限公司	中国—阿联酋椰枣红棕象甲综合防治示范基地 中国—阿联酋椰枣联合研究中心	2015 年
38	厄瓜多尔 Repotierra 水果进出口有限公司 / 厄瓜多尔农业研究院海岸试验站	中国热带农业科学院厄瓜多尔农业实验站 / 中国—厄瓜多尔热带农业科技研发中心	2015/2016 年
39	绿色农业西非有限公司	中国热科院热带作物品种资源研究所阿布贾现代农业示范基地	2016 年
40	环宇农业发展（柬埔寨）有限公司	中国热带农业科学院柬埔寨农业试验站	2017 年
41	瓦努阿图北方林业局	中国热带农业科学院瓦努阿图农业试验站	2017 年
42	柬埔寨龙马农业有限公司，广西美泉新农业科技有限公司	柬埔寨香蕉种苗繁育与标准化种植示范基地	2018 年

（续表）

序号	主管 / 合作单位	平台名称	成立时间
43	巴基斯坦信德省农业大学	中国热带农业科学院—信德省农业大学热带农业科技合作示范基地	2018 年
44	菲律宾原住民合作社	中国热带农业科学院菲律宾农业试验站	2018 年
45	天津聚龙集团	中国热带农业科学院印度尼西亚农业试验站	2018 年
46	老挝云橡有限责任公司	中国热带农业科学院老挝农业试验站	2018 年
47	莫桑比克农业科学院	中国热带农业科学院莫桑比克农业试验站	2018 年
48	绿洲农业（柬埔寨）有限公司	中国（海南）—柬埔寨胡椒标准化栽培示范基地	2019 年
49	热带农业研究与高等教育中心	中国热科院哥斯达黎加热带饮料作物种质资源保护利用实验室	2019 年
50	巴基斯坦费萨拉巴德农业大学	巴基斯坦热带经济棕榈示范基地	2019 年